"滇西应用技术大学云南省高校洱海流域生态环境质量检测工程研究中心项目"资助

背眼虾虎鱼亚科鱼类角膜扫描电镜研究(图鉴)

BEIYAN XIAHUYU YAKE YULEI JIAOMO SAOMIAO
DIANJING YANJIU (TUJIAN)

胡文娴　张　洁　康　斌　著

中国地质大学出版社
ZHONGGUO DIZHI DAXUE CHUBANSHE

图书在版编目(CIP)数据

背眼虾虎鱼亚科鱼类角膜扫描电镜研究(图鉴)/胡文娴,张洁,康斌著.—武汉:中国地质大学出版社,2022.12
ISBN 978-7-5625-5470-7

Ⅰ.①背… Ⅱ.①李… ②张… ③康… Ⅲ.①鰕虎鱼科-角膜-电镜扫描-研究 Ⅳ.①Q959.46

中国版本图书馆 CIP 数据核字(2022)第 233707 号

背眼虾虎鱼亚科鱼类角膜扫描电镜研究(图鉴)	胡文娴 张 洁 康 斌 **著**
责任编辑:杨 念 张昊玥 选题策划:张 琰 杨 念	责任校对:张咏梅

出版发行:中国地质大学出版社(武汉市洪山区鲁磨路388号)　　　　　　邮编:430074
电　　话:(027)67883511　　　　传　　真:(027)67883580　　E-mail:cbb @ cug.edu.cn
经　　销:全国新华书店　　　　　　　　　　　　　　　　　　　　　http://cugp.cug.edu.cn

开本:880毫米×1230毫米　1/16　　　　　　　　　字数:325千字　　印张:10.25
版次:2022年12月第1版　　　　　　　　　　　　印次:2022年12月第1次印刷
印刷:湖北金港彩印有限公司

ISBN 978-7-5625-5470-7　　　　　　　　　　　　　　　　　　定价:163.00元

如有印装质量问题请与印刷厂联系调换

前　言

　　脊椎动物由水生过渡到陆生的进化飞跃,一直以来备受科学界的关注。目前为科学界公认的是,泥盆纪时期的四足形类肉鳍鱼,是陆生脊椎动物的共同祖先。背眼虾虎鱼亚科物种,尤其是 4 个两栖性最高的弹涂鱼属,在印度—西太平洋地区的沿海红树林滩涂中达到最高多样性,是一个现代辐鳍鱼类向陆地生境进化的特殊的活样本。弹涂鱼在解剖结构、生态习性方面与泥盆纪四足形类肉鳍鱼有可比之处,可以对研究脊椎动物由水生过渡到陆生的进化过程提供参考。背眼虾虎鱼亚科鱼类生活在潮间带,是一个非常特别的过渡类群,从水体进化到陆地的过程当中,特化出一系列的组织器官,适应两栖生活。在已有的相关研究中,背眼虾虎鱼亚科鱼类的研究一直集中在系统分类、水产养殖、鳃的形态比较以及皮肤的呼吸效率方面,对其视觉角膜方面的研究尚属空白。因此,出版本书具有一定的科学和实用价值。

　　本书共收集整理背眼虾虎鱼亚科 Oxudercinae 鱼类共 10 属 41 种信息。通过对水陆过渡生境中鱼类的眼球角膜形态与组织结构作扫描电镜观察(包括角膜,上皮细胞类型,细胞微结构种类,微嵴及微嵴间距宽度),采集图片信息,对比各物种间角膜表面微结构的形态和结构差异。背眼虾虎鱼亚科 6 种鱼类中都存在微嵴结构。大弹涂鱼(*Boleophthalmus pectinriostris*)和大鳍弹涂鱼(*Periophthalmus magnuspinnatus*)的幼鱼具有 4 种微结构,幼鱼角膜、微嵴宽度和微嵴间距宽度比成鱼的更大,大弹涂鱼成鱼中观察到网状细胞和混合型细胞,大鳍弹涂鱼成鱼中有网状细胞。微绒毛出现在长身拟平牙虾虎鱼(*Pseudapocryptes elongatus*)、犬齿背眼虾虎鱼(*Oxuderces dentatus*)、青弹涂鱼(*Scartelaos histophorus*)、大弹涂鱼和大鳍弹涂鱼的角膜上皮细胞中。微洞则在长身拟平牙虾虎鱼、犬齿背眼虾虎鱼、大弹涂鱼和大鳍弹涂鱼中出现。斑叉牙虾虎鱼(*Apocryptodon punctatus*)、长身拟平牙虾虎鱼、青弹涂鱼、大弹涂鱼和大鳍弹涂鱼中均出现微嵴型细胞。背眼虾虎鱼亚科 6 种鱼类的角膜细胞密度平均值排序为:大弹涂鱼＜青弹涂鱼＜斑叉牙虾虎鱼＜长身拟平牙虾虎鱼＜犬齿背眼虾虎鱼＜大鳍弹涂鱼;细胞微嵴宽度平均值排序为:青弹涂鱼＜大鳍弹涂鱼＜犬齿背眼虾虎鱼＜斑叉牙虾虎鱼＜长身拟平牙虾虎鱼＜大弹涂鱼。角膜上皮细胞微嵴间距宽度平均值排序为:大鳍弹涂鱼＜斑叉牙虾虎鱼＜犬齿背眼虾虎鱼＜青弹涂鱼＜长身拟平牙虾虎鱼＜大弹涂鱼。

　　与本书相关的研究始于 2013 年,在张洁和康斌老师的共同指导下,于 2016 年在中国科学院动物研究所进行,在此特别感谢二位老师的精心培育和指导,让笔者得以在科研之路上受益至今。本研究海外标本来自长崎大学终身名誉教授田北徹先生早年的赠与,感谢他对于弹涂鱼研究的贡献和对多国学者一贯的支持和鼓励。本书主要内容于 2021 年至 2022 年期间由胡文娴在滇西应用技术大学工作期间进一步整理和撰写完成。此外,还有江南大学设计学院毛宇帆的积极参与和鼎力相助,绘制了多幅背眼虾虎鱼亚科鱼类的活体外形示意图,同时感谢滇西应用技术大学的刘州江和钱禹丞,参与其他图片的整理和绘制。

　　鱼类适应演化是一个复杂、漫长而又充满生机和挑战的过程。笔者希望本书能以不同生境鱼类的角膜结构为切入点,为读者展开一个新的视野,也期待更多更好的多学科交叉的相关研究涌现。

胡文娴　张　洁

2022 年 10 月

目　录

第一章　绪　论

第一节　适应性进化研究进展

一、进化论

进化论在生物科学领域有着举足轻重的地位。19世纪初,著名的法国生物学家拉马克首次系统地阐明了生物进化的思想,并且完整地提出了生物进化论。拉马克的学说主要包括以下几点:①环境条件的变化能够引起生物的变异,环境多样性是生物多样性出现的重要基础;②两个著名法则,首先是获得性遗传,其次是用进废退论;③等级进化。拉马克探索了生物与环境的进化关系,为达尔文进化论的诞生提供了条件。

达尔文的《物种起源》为遗传学科奠定了重要的基础。达尔文进化理论的核心内容主要有两点:①共同起源学说,它解释了生物起源的问题;②自然选择学说,它阐述了进化的机制和原因。达尔文的进化理论认为自然选择是生物进化的重要机制之一。达尔文进化理论的核心是自然选择学说,其核心理论是生存斗争和适者生存,自然选择是生物进化的动力,它不仅决定了物种适应的方向还有它们所在的空间和所拥有的地位。

20世纪前叶,在继承和发展达尔文进化理论的基础上,现代综合进化论出现了。它的主要内容有以下几个方面:①自然选择决定了进化的方向,生物向着适应环境的方向进化;②生物进化的基本单位是种群;③突变、选择和隔离是物种形成和生物进化的机制。20世纪70年代出现的新综合理论,在进化选择机制方面,是对现代综合进化论很好的补充。

1983年,遗传学家木村资生撰写了 *The Neutral Theory of Molecular Evolution*,系统地阐述了中性进化理论和分子钟假说。它的主要内容:中性突变(neutral mutation)和突变的遗传漂变(genetic drift)固定是生物进化的动力;中性突变指既无害也无利的突变,其最大特点是不影响蛋白质的功能,如同工突变和同义突变。由于突变是中性的,自然选择不会在分子水平发生作用,所以只有当突变通过遗传漂变被固定,致使生物的形态或生理上出现差异,自然选择才会发挥作用,导致表型的进化。

生物进化论的核心内容是物种进化和自然的选择。在生物漫长的进化过程中,自然选择促使生物进化出特异结构、特殊功能从而适应和占据特定的生态位,最终实现生存和繁衍。

二、生物适应性

许多经典的例子向我们展示了生物的适应:达尔文地雀喙形和喙大小与食性的相关性;欧洲工业区白色桦尺蛾的"黑化";鸟类适应于飞翔生活的翅膀;寄生生物更换生殖方式以适应寄主特定的免疫系统;蛇类能吞咽大型猎物得益于其头骨的特殊构造;大雁迁徙以应对气候的变化;一些兰花模拟特定昆虫的雌性外观和性激素以吸引雄性昆虫来为其传粉;植物的趋光性使其光合作用顺利进行等。适应(adaptation)是指生物的形态结构和生理机能与赖以生存的特定环境条件相适合,并生存和繁衍,它既包括已经适应的状态,也包括正在迈向达到适应的过程,形态结构的适应主要表现在分子、细胞、组织、器官,乃至由个体组成的群体等方面(生理机能的适应),主要是指行为和习性的适应。适应可以提高生物的适合度,且是对特定选择产生反应的衍生性状,但也不是绝对的,它只能在一定的范围内发挥作用。比如爱尔兰雄鹿宽大的顶角有利于吸引异性来交配,却成为其觅食和逃避天敌的累赘,最终导致其灭绝(Gould,1974);鹰能在黑夜的高空发现草丛中活动的老鼠,但不能分辨颜色。当时空发生改变时,由于生物遗传基础相对稳定,生物对环境的适应表现出滞后性。

生态适应导致生命系统不同层次的特征发生适应环境或不适应环境的变化。生态进化是生命系统为适应环境系统改变而在同一层次上所发生的一系列可遗传的变异,其过程是通过遗传信息的逐代改变而产生生态适应,是宏观环境与微观环境共同影响的结果(祖元刚等,2000)。从生态学角度看,生物对环境资源的利用效率是衡量是否适应的重要标准。能利用其他物种所不能利用的能源或物质资源才是最适应者;对物质能源利用率的提高很大程度上意味着适应程度的提高,能够促进生物对环境资源高效利用的特征就是适应性特征,适应就是特化的过程,最特化的往往就是最适应的(张昀,1998)。

三、适应性进化

地球上不同的环境因素影响着生物多样性的丰富程度,例如,热带和寒带的环境条件差异较大,它们的生物多样性也不同。生物多样性的变化与许多因素有关,总结为以下几类。①海拔梯度:海拔的变化引起了气压、温度、空气含氧量等条件的变化。很多物种的丰富度随着垂直高度的变化而降低,但也有的分类群如松类、鼠类在许多山地的中山到高山区域最为丰富。②纬度梯度:从极地到赤道,生物多样性逐渐增加,这在生物地理学中是最明显的格局。这些生物的变化受到物理梯度的影响,例如,温度、阳光辐射、季节性和其他因子的变化。一般来说,物种丰富度随着纬度的降低而有所增加,但是不同的分类群在不同的纬度区域内也会呈现出不同的丰富程度,有些类群在高纬度地区物种丰富,有的类群在中低纬度地区更加丰富,不同类群的物种可以作为不同纬度地区的代表。③干燥程度:一般认为荒漠在相似纬度和海拔高度条件下,仅有少量的种类,通常从近海地区至内陆腹地,由于湿度的变化,物种多样性减少。干燥度对不同物种分布有显著影响。④水深深度:在水生环境中,随深度增加,一般表现为温度下降、光照弱、压力增加,物种多样性随之减少。⑤盐碱度:在某些沿海地区,海洋生物多样性随当地盐度增减而变化。若可溶性盐浓度偏离正常海水的可溶性盐浓度(正常海水的可溶性盐浓度为0.35%),则物种多样性减少;若淡水水体的可溶性盐浓度超过0.2%,则物种多样性减少。⑥岛屿:内陆的梯度。在孤岛中,生物多样性常比附近陆地上相似面积生境中的物种多样性少。一般来说,陆地上面积小并且相互隔离的斑块,物种数目会比大斑块中的更少。这种现象类似于生境片断化。此外,土壤、水体营养物质或有毒物质及自然灾害等也是影响生物多样性变化的重要因素。因此,生物多样性在不同地区形成的分布格局是生物与环境长期适应的结果,同时也是生物对一系列环境条件的综合适应。

不同的环境中经常存在着不同的物种,环境对物种表型的影响一直存在。生态形态学(ecological morphology)是一门比较的学科,它聚焦于某种生物的形态、现实生态位和环境之间的关系,以及与生态形态相关的生理、生物机制和进化方面的问题(Norton et al.,1995)。它的核心是研究形态多样性与生态多样性的相互作用;能在种内、种间和群落等不同层次上对这些作用进行研究。从生态角度看,生态形态学研究有 3 个目标:①测定形态变化与生态变化之间的关联性;②根据形态特征做出生态学的推断;③确定影响生物资源使用的形态机制以及生态形态的关联受到另外一些因子影响的程度(Motta et al.,1995)。生态形态学有一个主要的理论假设,即一种生物的生态与其形态是相关的。这个假设包括两个主要考虑:①在一个生态组(ecological group)内,物种形态可能是相似的,但在两个生态组间可能是不同的,这取决于物种所利用的资源属性及其利用策略;②形态的变化是对选择压力的响应,并导致趋同现象的出现,即系统发育上不亲近的物种具有形态的相似性(Pouilly et al.,2003)。

第二节　鱼类生活史对策及其适应性进化

一、鱼类的适应性进化

鱼类是最古老的脊椎动物,栖息于江河湖海之中或水陆交界之处,而这些水域在光照、溶氧、温度和盐度等环境因子方面又具备不同的特点。为了与栖息地中不同的环境相适应,在漫长的适应进化过程中,不同类群的鱼类逐渐形成了自己独具特色的感觉、运动和呼吸系统,这些形态或生理特化突出表现在特殊生境中栖息的鱼类中(Yamamoto et al.,2000)。

例如,鱼类食物与某些形态性状之间存在明显的关联(Pouilly et al.,2003;Piet,1998)。这些生态形态的关联可归纳为 4 个方面:①相对肠长与植食性呈正相关,肉食性鱼类有着较短的相对肠长;②口位被认为是一个相对于捕食者的食物位置的指示,或者是经常摄食的相对水深的指示,下位口与底栖摄食相关,上位口与在水体上层摄食相关;③绝对或相对的口大小与食物大小呈正相关;④口须、眼位和眼大小与食物在水体中的垂直位置相关。具有口须的鱼类常生活于水体中下层,非视觉感觉在摄食中具有较大的作用;底层鱼类具有背侧位的眼,具有较大眼睛的鱼类喜欢贴近底层摄食,视觉可能在摄食中起着重要作用。许多研究报道了食鱼性(piscivorous)和碎屑食性(detritivorous)鱼类有高度特化的形态(Pouilly et al.,2003;Piet,1998;Sibbing et al.,2001)。

国内外学者对背眼虾虎鱼亚科鱼类生理生化方面的研究结果都聚焦于其特殊的生活环境。长身拟平牙虾虎鱼(Pseudapocryptes elongatus)在不同的生活阶段栖息在不同的环境中,是一种广盐性鱼类,其盐耐受能力与温度有关。有研究表明弹涂鱼(Periophthalmus modestus)和许氏齿弹涂鱼(Periophthalmodon schlosseri)在空气中的摄氧率比它们在水中的摄氧率更大(Kok et al.,1998),这说明它们对陆生环境有着非常强的适应能力,甚至更适合空气呼吸(Tamura et al.,1976;Ishimatsu et al.,1999)。学者对长身拟平牙虾虎鱼、薄氏大弹涂鱼(*Boleophthalmus boddarti*)和金点弹涂鱼(*Periophthalmus chrysospilos*)的耐盐能力开展过研究,实验结果表明金点弹涂鱼和薄氏大弹涂鱼都是海水鱼类,但在不同的盐度水体中会出现不同程度的死亡,这样的结果与它们是水陆两栖鱼类,但大部分时间生活在陆地上有关。

Zhang 等(2000,2003)对分布于太平洋地区温带、亚热带、热带的 4 属 9 种背眼虾虎鱼亚科(Oxudercinae)鱼类在潮间带的生态分布、皮肤呼吸器官的形态适应性及其机制进行了比较和探讨,阐明了潮间带物种的多样性及其生态适应性。两栖空气呼吸鱼类的皮肤及鳍的表皮中具有发达的毛细血管系统,它们可以利用皮肤呼吸从空气中直接获取氧气,从而更好地适应陆地生活。该研究表明,背眼虾虎亚科鱼类属间的皮肤呼吸表面结构存在差异,通过对血管化表面、扩散距离和毛细血管密度的比较,得出背眼虾虎鱼亚科鱼类皮肤呼吸效率的递变顺序为:叉牙虾虎鱼属(*Apocryptodon*)＜拟平牙虾虎鱼属(*Pseudapocryptes*)和背眼虾虎鱼属(*Oxuderces*)＜青弹涂鱼属(*Scartelaos*)＜大弹涂鱼属(*Boleophthalmus*)＜齿弹涂鱼属(*Periophthalmodon*)和弹涂鱼属(*Periophthalmus*),其中弹涂鱼属在皮肤呼吸功能结构上最为特化。

潘雷雷等(2010)对背眼虾虎鱼亚科中的薄氏大弹涂鱼、青弹涂鱼(*Scartelaos histophorus*)、新几内亚弹涂鱼(*Periophthalmus novaeguineaensis*)和点弹涂鱼(*Periophthalmus spilotus*)3 属 4 种弹涂鱼的总鳃丝数(个)、鳃丝长(mm)、鳃小片数(片/mm)、鳃的总面积(mm^2)和相对面积(mm^2/g)等鳃参数进行了测定,并比较了各种、属之间鳃的形态度量学差异。等体重的弹涂鱼相互比较,青弹涂鱼的总鳃丝数、总鳃丝长、鳃丝一侧鳃小片数、总鳃面积和相对鳃面积均最大,薄氏大弹涂鱼相应鳃参数次之,新几内亚弹涂鱼和点弹涂鱼相应鳃参数较小。弹涂鱼鳃结构的这种梯度退化,表明青弹涂鱼和薄氏大弹涂鱼水生性较强,而新几内亚弹涂鱼和点弹涂鱼陆生性较强。4 种弹涂鱼的总鳃丝长和总鳃面积明显小于其他等体重水生鱼类。由此我们可以推断,弹涂鱼属的鱼类之所以在陆上具有较广的活动范围,是因为其皮肤呼吸最为发达,能有效补偿其鳃呼吸的减弱,因而对陆生环境具有高度的适应性。上述研究结果揭示了背眼虾虎鱼亚科鱼类在皮肤呼吸上具有高度的适应性,同时鳃结构产生了明显的梯度退化。

二、鱼类生活史对策的适应性进化

鱼类的生活史是指精卵结合直至衰老死亡的整个生命过程,亦称生命周期。

生活史对策(life-history strategy)是指物种在特定环境下协同进化发展起来的一种有关生活史特征的复杂格局。生活史对策是种群在面对环境变动时做出的生活史特征上的可塑性反应。生活史特征由两个部分组成,首先是系统部分(也就是祖先遗传的特征),其次是种群部分(也就是种群在某种特定环境下的适量变动)。鱼类的生活史对策有着极高的多样性,在不同地理区域的同种鱼类也具有各不相同的生活史对策。大多数情况下,鱼类种群的生活史对策多样性是一种可塑的表型,但它也具有一定的遗传特点。繁殖和生长是鱼类生活史策略的重要方面,它们是研究鱼类生物学和生态学特性的基础,也是分析和评价鱼类种群数量变动趋势的基本依据之一。

(一)繁殖

繁殖是鱼类生活史中的一个很重要的环节,它包括亲鱼性腺发育、性成熟、雌鱼产卵、雄鱼排精,然后精卵结合并孵出仔鱼的全过程。鱼类一般能在一年中使它们繁殖后代的时间延续到最长,使其后代的早期发育获得最好的环境条件,主要是食饵条件。这种鱼类在特定的季节繁殖是鱼类对环境长期适应的结果,是鱼类的内源性繁殖周期和外源性环境条件相结合的产物。影响鱼类繁殖季节的外源性因子非常多,如光周期、水温、营养和水流等。

（二）生长

鱼类的生长通常是指鱼体长度和质量的增加,它是鱼类在不断代谢过程中合成新组织的结果。鱼类生长受外源性和内源性因子的制约。环境理化因子,如水温、溶氧和光照等都是重要的影响因子。除此以外,捕捞对鱼类种群的生长也有着明显的影响。

三、鱼类视觉器官适应性进化

鱼眼的构造类似于其他脊椎动物的基本结构,膜结构包括巩膜、脉络膜和视网膜(三层膜),折光系统包括角膜、房水、晶状体和玻璃体,此外,还有一些辅助装置。视觉器官感受到光的刺激,这时进入眼中的光线就形成了适当的影像,并投射到视网膜(感光上皮)上,产生出冲动并经过视神经传导到神经中枢,于是对生物体而言就表现为看到了周围环境中的物体或感知到方向。由于鱼类生活在水中,它们的眼睑是眼眶周缘的皮褶,没有上、下眼睑和瞬膜,只在少数鲨鱼中有观察到能动的瞬膜,但都没有泪腺和其他眼部的腺体。鱼类角膜的折射系数为1.37,水的折射系数为1.33,二者非常相近,因此,鱼类的角膜没有聚光作用,聚光完全是由晶状体完成的。因此鱼眼的共同特点为晶状体大而圆,聚光能力大,角膜平坦。

受生存环境、生活史对策和进化程度的影响,鱼类的视觉能力与人类是无法相比的。总的来说,鱼类的视力一般与眼球的大小成正比:眼球大,视力好;眼球小,视力差。水中的生活使鱼类的眼睛形成了一系列特殊的结构,鱼类的晶状体是圆球形的,远方物体反射的光线通过晶状体折射形成的影像,落在了视网膜的前面,所以鱼类看不清远方的物体。此外,由于水中微生物、悬浮物以及水层的影响,光线投射会受到阻碍,不像在空气中可以看得很远,因此,鱼眼的构造适于看近物,也就是说鱼是"近视眼"。

视力对于在白天摄食的中上层鱼类是非常重要的,此外,一些主要在夜间摄食的鱼类也被证实是利用视觉进行捕食的(B. P. 普拉塔索夫,1980)。就白天摄食的鱼类的视觉特征,国内外进行了很多研究,实验显示这些鱼类的视觉具有明和暗两种感光视觉系统,并且它们还具有色觉(刘理东等,1986;杨雄里等,1977)。梁旭方(1995a,1995b)指出鳜鱼的视网膜仅存在单一的光感受系统,即暗视系统,不可能形成色觉,但鳜鱼视网膜具有很高的光敏感性,适于弱光视觉。鳜鱼视觉的这种特性与其捕食习性是非常适应的。鳜鱼营底栖生活,白天卧穴避光,夜间才出来活动。鳜鱼主要依靠视觉捕食,视觉可对猎物运动进行远距离的识别,并决定其对猎物的远距离跟踪反应,对不连续运动和梭形形状的猎物进行近距离跟踪反应和攻击反应。另外一些研究发现鱼类通过视觉可以观察和识别物体的三维形状,并且可根据物体的形状将物体进行分类,而不是依据物体的大小。

Fishelson 等(2004)对15种天竺鲷科(Apogonichthys)鱼眼的形态结构进行比较,结果表明,夜间活动的鲷鱼眼的直径较大,而白天活动的鲷鱼眼的直径比前者小。夜间活动的鲷鱼,其眼直径占体长的12%～13%;白天活动的鲷鱼,其鱼眼直径与体长比值小于10%。关于金鱼视觉的研究表明,其视神经纤维直径和髓鞘厚度与环境有一定的相关性,低温生活的金鱼出现大纤维的频率比高温生活的要高,但前者纤维髓鞘厚度比后者的薄,这可能是对环境的一种适应。

四、背眼虾虎鱼亚科鱼类角膜的研究进展

作为视觉系统的一个重要部分,背眼虾虎鱼亚科鱼类角膜需要在水生和陆生环境里发挥功能以体现它们的两栖特性。由于水(折射率1.33)和角膜(折射率1.37)的折射率非常相近,它们的角膜对到眼睛的屈光率贡献小。陆地环境,在标准温度和压力下空气的折射率为1.00,因此角膜的屈光率在空气中显得更大,且角膜会因干燥或风携带的颗粒磨损以致损坏。因此,这些鱼的角膜表面覆盖有泪膜并含有水、黏液和脂质层,保持整个角膜的前表面具一致的折射率梯度,以形成视网膜图像,同时保护角膜免受物理损伤。以往的研究也表明,当暴露于不同的栖息地,较高的上皮细胞密度具有较高的渗透压,帮助运输盐和促进角膜基质吸水,从而为海洋脊椎动物保持适当的渗透水平。与此相反,在非水生脊椎动物中,相对低的上皮细胞密度有助于从角膜中除去水分。Collin等(2000)的研究表明,大量的微结构(微绒毛、微褶、微嵴和微洞)在51种脊椎动物的角膜上皮细胞中被发现,这些结构被认为是增强泪膜稳定性的一个重要因素。而微绒毛已经在典型的水生脊椎动物澳大利亚肺鱼中被发现,这可能是一个动物对陆地环境适应的表现,这表明类似的结构也可能存在于背眼虾虎鱼亚科鱼类中。针对四眼鱼(*Anableps anableps*)的研究比较了两个位置的角膜的微嵴宽度,表明微结构的距离是有意义的,可能有一些功能性的作用(Simmich et al.,2012)。这也在Collin等(2006)的窄额鲀研究中有所体现。

第三节　本研究的目的和意义

背眼虾虎鱼亚科鱼类主要生活在河口区和滩涂,它们在滩涂湿地生态系统的组成中具有重要的作用。它们个体小,适应力强,是河口滩涂湿地的主要定居者。它们经过不断的适应性进化,呈现出比其他鱼种在陆地上更强的适应性,特化的器官对它们的生存至关重要。本书实验选取背眼虾虎鱼亚科中6属6种对水—陆环境梯度适应的鱼类作为代表,研究特化生境中鱼类的眼球角膜形态与组织结构,对它们的角膜上皮细胞类型、细胞微结构种类、微嵴及微嵴间距宽度进行定量分析,对它们的视觉在两栖环境中的进化适应形态学特征开展研究,对比各种属间角膜表面微结构的形态和结构差异,并与鱼类的生境进行关联性分析,探索鱼类在进化过程中眼球的组织结构特点与生境的相互关系,为今后鱼类适应性进化学科范畴内更为纵深的理论研究提供第一手基本信息。

第二章　背眼虾虎鱼亚科鱼类的分类、分布 及生态学特性

第一节　背眼虾虎鱼亚科鱼类的分类

背眼虾虎鱼亚科属于硬骨鱼纲(Dsteichthyes),鲈形目(Perciformes),虾虎鱼亚目(Gobioidei),虾虎鱼科(Gobiidae)。虾虎鱼科鱼类共有 200 多个属,约 1500 种,是鱼类中种类最多的科。图 2-1 为背眼虾虎鱼亚科鱼类系统分类图。

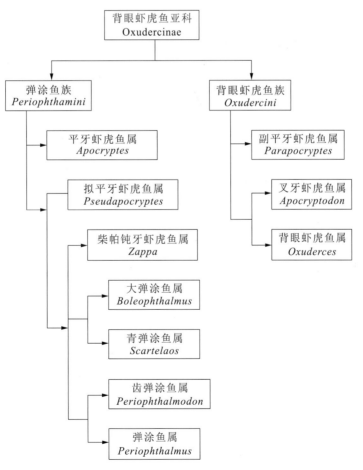

图 2-1　背眼虾虎鱼亚科鱼类系统分类图

第二节　背眼虾虎鱼亚科鱼类的分布

本研究共收集整理 10 属 41 种背眼虾虎鱼亚科鱼类信息(表 2-1),其主要栖息地集中于印度洋、太平洋地区以及大西洋非洲海岸的红树林,还有泥滩生态系统,此外也有少数物种栖息在江河口地区、池塘或溪流中。大部分背眼虾虎鱼亚科鱼类的体型较小,只有少数稍大。

不同种类的背眼虾虎鱼亚科鱼类生活环境差异很大,其整个亚科的种类栖息地基本涵盖了从水生到陆生的环境,有些种类还能在泥滩周围的水坑中生活,有的种类在高潮间带的陆地上生活,具有非常广泛的适应性。研究认为背眼虾虎鱼亚科鱼类有从水生到陆生的进化趋势。

我国疆土辽阔,拥有较长海岸线,背眼虾虎鱼亚科鱼类种类繁多,主要包括大弹涂鱼属的薄氏大弹涂鱼、多斑大弹涂鱼(Boleophthalmus polyophthalmus)、大弹涂鱼(Boleophthalmus pectinirostris)、灰大弹涂鱼(Boleophthalmus glaucus)和细斑大弹涂鱼(Boleophthalmus maculatus);青弹涂鱼属的青弹涂鱼和大青弹涂鱼(Scartelaos gigas);弹涂鱼属的广东弹涂鱼(Periophthalmus cantonensis)和野弹涂鱼(Periophthalmus barbarus);拟平牙虾虎鱼属的矛状拟平牙虾虎鱼(Pseudapocryptes lanceolatus);平牙虾虎鱼属的棘平牙虾虎鱼(Apocryptes bato);副平牙虾虎鱼属的大鳞副平牙虾虎鱼(Parapocryptes macrolepis);叉牙虾虎鱼属的马都拉叉牙虾虎鱼(Apocryptodon madurensis)和蜥形叉牙虾虎鱼(Apocryptodon serperaster);背眼虾虎鱼属的犬齿背眼虾虎鱼(Oxuderces dentatus),共 8 属 15 种鱼类,分布在南海、东海、黄海等海域,浙江、福州、广州、厦门、海口等地(伍汉霖等,2008)。

第三节　背眼虾虎鱼亚科鱼类的生态习性

因背眼虾虎鱼亚科的很多种类都是水陆两栖鱼类(其中以弹涂鱼类为主),这些两栖鱼类的生活习性与大部分的水生鱼类有很大的差别。背眼虾虎鱼亚科中的很多种类,如许氏齿弹涂鱼、青弹涂鱼、薄氏大弹涂鱼等在地势相对较高、泥土较硬的地方建筑洞穴,并在此伺机对洞外的猎物发动突然袭击,同时还能在此躲避敌害、繁殖后代。

大弹涂鱼、弹涂鱼等胸鳍基部有一个肌柄,左右腹鳍愈合成一个吸盘,尾鳍下叶的鳍条变粗,臀鳍变得很低,用于在陆上支撑、爬行。另外它们的眼睛通过长期进化已经具有很强的视力,还能在陆地上看见水下物体。它们的眼睛下面有一个由皮肤折叠构成的杯状窝,里面充满水,当它长时间在空气中暴露而变得干燥时,眼球会缩进杯状窝中以补充水分。大鳍弹涂鱼(Periophthalmus maghuspinnatus)主要分布在温带地区的高潮间带,冬季在洞穴中冬眠。

背眼虾虎鱼亚科中很多鱼类因生活在潮间带,栖息地会随着潮起潮落发生变化,暴露在泥滩上的时间由潮汐而定。很多弹涂鱼在退潮时生活在水的边缘,涨潮之后可能在水的边缘游动,也可能在充满水的洞穴中而将身体的一部分暴露在水面上(Ishimatsu et al.,1998;Kok et al.,1998;Zhang et al.,2000)。

薄氏大弹涂鱼低潮时在离洞穴较远的半干泥滩上活动,还频繁潜入水中;弹涂鱼属和齿弹涂鱼属有很强的陆生性。点弹涂鱼主要栖息于潮上带红树林区;新几内亚弹涂鱼栖息在半咸水红树林、潮间带和尼帕棕榈树林地区,能在水域与陆地之间活跃地穿梭活动。新几内亚弹涂鱼和点弹涂鱼低潮时可以远离水源,它们能在泥滩上离水停留很长时间,所以大部分时间在陆地上度过。

弹涂鱼生活在温带或亚热带,经常会通过鳍或者尾部支撑停留在潮湿的区域,一旦被惊扰便潜入水中,但不会潜水太长时间。长身拟平牙虾虎鱼栖息在地势较低的泥潭或者较深的溪流中,旱季潮池干涸时,它能在洞穴中夏眠。

笔者总结了背眼虾虎鱼亚科鱼类 41 个种的基本生态特征,包括分布区域、食性和栖息地特点,具体如表 2-1 所示。

表 2-1 背眼虾虎鱼亚科鱼类物种基本生态特征表

背眼虾虎鱼亚科 (Oxudercinae)	分布区域	生态特点	
		食性	栖息地
平牙虾虎鱼属 (Apocryptes)			
棘平牙虾虎鱼 (Apocryptes bato)	从印度东海岸到缅甸，如恒河三角洲，印度	—	高地泥滩局部多见
叉牙虾虎鱼属 (Apocryptodon)		—	
马都拉叉牙虾虎鱼 (Apocryptodon madurensis)	从印度东海岸到菲律宾和澳大利亚北海岸，如马都拉岛、爪哇、印尼	—	尽管它的分布很广，但研究者对其栖息地分布情况和行为特征知之甚少，目前发现的一些标本收集于红树林内的入口和小溪，或红树林边的开阔地，或河口附近
斑叉牙虾虎鱼 (Apocryptodon punctatus)	日本南部地区，如日本的九州岛	蛟虾	栖息于河口附近无植物区，温带开放性泥滩
大弹涂鱼属 (Boleophthalmus)			
北澳洲大弹涂鱼 (Boleophthalmus birdsongi)	北澳洲	—	栖息于港口湾和河口潮间带淤泥滩涂，小个体的分布明显波动，大潮期向陆地移动，小潮期间向海中移动
薄氏大弹涂鱼 (Boleophthalmus boddarti)	印度西海岸（孟买、马哈拉施特拉邦），向东到沙巴（北婆罗洲）和越南南部；印度洋	借助腹鳍在泥涂上匍匐跳跃，觅食底栖硅藻、绿藻	海洋边缘和红树林的呼吸根区非常多见
绿斑大弹涂鱼 (Boleophthalmus caeruleomaculatus)	澳大利亚北部（阿德莱德河、北领地、昆士兰）和巴布亚新几内亚	—	红树林的呼吸根区和潮汐滩涂多见
杜氏大弹涂鱼 (Boleophthalmus dussumieri)	波斯湾、阿曼、巴基斯坦和西印度、孟买，马哈拉施特拉邦、霍尔默兹海峡、伊朗	海底硅藻、蓝藻、丝状藻、昆虫、甲壳类动物、线虫和硬骨鱼类的鱼子	潮汐滩涂的开放性地带和受潮流影响的泥滩中高密度聚集，通常出现在中间潮间带
大弹涂鱼 (Boleophthalmus pectinirostris)	中国和日本的南部，如中国广东、马来西亚半岛和印尼。中国、马来西亚和日本种群表现出稍微不同的颜色模式和形态	杂食性，主食底栖硅藻，兼食泥土中的有机质，以及桡足类和圆虫	为沿海暖温性小型鱼类，栖息于港湾和河口潮间带淤泥滩涂，穴居，有钻洞栖息的习性，孔道的深浅与长度依底质而异，软泥层厚的孔道较浅；利用胸鳍和尾鳍在海滩上爬行或借助匍匐跳跃，精受惊动就跳回水中或钻入穴内；皮肤和尾巴可为辅助呼吸器官，能较长时间暴露在空气中

续表 2-1

背眼虾虎鱼亚科 (Oxudercinae)	分布区域	生态特点	
		食性	栖息地
波氏大弹涂鱼 (Boleophthalmus poti)	弗莱河三角洲,巴布亚湾	—	红树林的呼吸根区和海岸边多见
背眼虾虎鱼属 (Oxuderces)			
大齿背眼虾虎鱼 (Oxuderces dentatus)	从印度的海岸到中国的南海	—	红树林和泥滩上,浅水泥滩多见
沃氏背眼虾虎鱼 (Oxuderces wirzi)	澳大利亚和巴布亚新几内亚北部	—	红树林和泥滩上,浅水泥滩多见,特别在河口、溪口
副平牙虾虎鱼属 (Parapocryptes)			
长尾副平牙虾虎鱼 (Parapocryptes rictuosus)	孟加拉湾(本地治里);印度泰米尔纳德邦	—	四周环绕着红树林的小溪中多见
嘶副平牙虾虎鱼 (Parapocryptes serperaster)	从恒河三角洲东部到中国和印尼	仅有一个来自马来西亚的标本,根据其食性研究得出,以食草为主(底栖生物浮游植物),只有少量(<3%)的动物食物	热带、亚热带暖水性底层鱼类,栖息于近岸滩涂,河口附近
齿弹涂鱼属 (Periophthalmodon)			
裸颊齿弹涂鱼 (Periophthalmodon freycineti)	菲律宾,印尼东部和昆士兰州北部,澳大利亚北部,巴布亚新几内亚	食肉;它主要吃螃蟹,但也可以在本地猎食其他动物,如昆虫	溪岸、短暂的潮汐水湾底部、潮汐滩涂、森林地区和附近的浅潮池
许氏齿弹涂鱼 (Periophthalmodon schlosseri)	东南亚	食肉;它主要吃螃蟹,但是可以在栖息地猎食其他动物	见于滩涂红树林地区,体长10cm上下。挖洞穴居,幼鱼浮游
鳞颊齿弹涂鱼 (Periophthalmodon septemradiatus)	印度北部、缅甸、泰国,马来西亚半岛和海岛	—	淡水区域有植被覆盖的泥岸(红树林、棕榈),河口的上游及其支流。它是极少数在追逐不受追逼向水中逃逸向陆地的背眼虾虎鱼物种

续表 2 - 1

背眼虾虎鱼亚科 (Oxudercinae)	分布区域	生态特点	
		食性	栖息地
弹涂鱼属 (Periophthalmus)			
银线弹涂鱼 (Periophthalmus argentilineatus)	红海和非洲东海岸、日本东南部、澳大利亚和大洋洲、萨摩亚群岛。这是分布最广的背眼虾虎鱼物种	食肉，昆虫、甲壳类动物、鱼卵、多毛类等	温水性沿海小型鱼类，栖息于热带及亚热带河口咸、淡水水域及近岸滩涂低潮区，常依靠发达的胸鳍肌柄匍匐或跳跃于泥潭上；洞穴定居，视觉和听觉灵敏，稍受惊即潜回水中或钻入洞内
奇弹涂鱼 (Periophthalmus barbarus)	从摩洛哥到安哥拉	杂食性，藻类、大型植物、节肢动物（主要是昆虫和蟹）、线虫、双壳类、鱼	在尼日利亚，生存于红树林和棕榈森林
金点弹涂鱼 (Periophthalmus chrysospilos)	印度的东海岸、泰国湾和爪哇海	草食（硅藻、丝状藻类和其他植物原料）至肉食（桡足类、甲壳类动物、蠕虫等）	退潮的时候在泥滩非常多见。落潮时聚集在一起沿着水边泥滩进食；涨潮时，又借势向相反的方向前进，先后进入红树林，栖息在红树根和树干处，躲避海中的食肉动物
达尔文弹涂鱼 (Periophthalmus darwini)	澳大利亚北部、巴布亚新几内亚、澳大利亚北领地	食肉，经常可以看到它们追螃蟹和其他小型无脊椎动物	潮间带的小溪和河口泥滩之中多见，永远不会远离红树林树；密集地聚集在一起，似乎与其他同类的物种相比不那么好斗
细弹涂鱼 (Periophthalmus gracilis)	印度太平洋地区，从苏门答腊到菲律宾、昆士兰和澳大利亚。典型分布地：印尼爪哇岛和苏门答腊岛	食肉，甲壳类动物、昆虫等	涨潮时，在红树林水湾入口处相当多见；退潮时，这个物种会集聚地聚集在水边的小浅滩处，或在临时的潮汐水泥湾处
卡路弹涂鱼 (Periophthalmus kalolo)	东非到萨摩亚	食肉，甲壳类动物和其他节肢动物	潮间带低处可见，完全水生，也生活在含沙的泥水里
大鳍弹涂鱼 (Periophthalmus magnuspinnatus)	韩国，向南到中国南海。典型分布地：韩国	食肉，甲壳类动物和其他底栖生物	这个物种分布在有植被的潮间带泥滩。在温带地区的冬天在洞穴中栖息。在韩国的族群，活跃季节是4月下旬到9月初
马六甲弹涂鱼 (Periophthalmus malaccensis)	从印尼到菲律宾	—	生存在潮沟附近的植被堤岸中（约1km），在红树林、离低潮时离水边线2～10m处可见

续表 2-1

背眼虾虎鱼亚科 (Oxudercinae)	分布区域	生态特点	
		食性	栖息地
小弹涂鱼 (Periophthalmus minutus)	广泛分布于安达曼海、泰国、爪哇、菲律宾和澳大利亚(昆士兰和澳大利亚北领地)	食肉,甲壳类、小型无脊椎动物等	常见于红树林滩涂涨潮带
弹涂鱼 (Periophthalmus modestus)	从日本南部、韩国向南至中国香港均有分布	—	栖息于河口咸、淡水水域,近岸滩涂处或低潮区的底质烂泥中,对恶劣环境的水质耐受力强。广盐性,营穴居
新几内亚弹涂鱼 (Periophthalmus novaeguineaensis)	澳大利亚北部、新几内亚(印尼)、巴布亚新几内亚。典型分布地:新几内亚		低潮间带,小溪滩涂、水湾和潮池。永远不会远离水边
九刺弹涂鱼 (Periophthalmus novemradiatus)	孟加拉海湾,从东印度到泰国南部	—	有植被的溪边和河岸,也能生存于低盐度条件下的水域中
点弹涂鱼 (Periophthalmus spilotus)	马六甲海峡(苏门答腊和马来西亚半岛)	食肉,甲壳类、昆虫等	常见于红树林滩涂涨潮同带
田北氏弹涂鱼 (Periophthalmus takita)	北澳大利亚和巴布亚新几内亚。典型分布地:澳大利亚北领地	食肉,昆虫,甲壳类动物、线虫,腹足类等	泥滩,通常在红树林的呼吸根区;或沿着溪岸植被覆盖区。在距离小溪或潮池2m左右,或离植物几米远被发现
杂色弹涂鱼 (Periophthalmus variabilis)	东南亚,从马六甲海峡到苏禄海(泰国、马来西亚、越南、印尼)。典型分布地:芝拉扎,爪哇,印尼	食肉,甲壳类动物、昆虫等	红树林生态地区的低树丛或高树丛地带,其体色能在有森林的地面上高效地伪装
瓦氏弹涂鱼 (Periophthalmus walailakae)	马六甲海峡、印度东海岸。典型分布地:安达曼海、爪哇、泰国南部	食肉,甲壳类动物、昆虫等	红树林生态地区的低树丛或高树丛地带,其体色能在有森林的地面上高效地伪装
澳氏弹涂鱼 (Periophthalmus waltoni)	波斯湾、印度西海岸:古吉拉特邦、喀奇海湾	肉食,小动物,如昆虫、蠕虫、甲壳类动物和鱼	滩涂和红树林的开放性区域
韦氏弹涂鱼 (Periophthalmus weberi)	澳大利亚北部、伊里安查亚和巴布亚新几内亚	—	广阔的栖息地,淡水水域(泥滩、淡水沼泽)和盐水水域

续表 2－1

背眼虾虎鱼亚科（Oxudercinae）	生态特点		
	分布区域	食性	栖息地
拟平牙虾虎鱼属（Pseudapocryptes）			
婆罗洲拟平牙虾虎鱼（Pseudapocryptes borneensis）	—	—	—
长身拟平牙虾虎鱼（Pseudapocryptes elongatus）	印度到东南亚的东部沿海地区	普遍地捕食浮游植物（浅海底硅藻、蓝藻）；它还以小型的无脊椎动物为食，比如幼虾	水生，隐居在潮上带的小潮池，成鱼在地势较低的泥滩和小溪中多见；亚成体于红树林多见
青弹涂鱼属（Scartelaos）			
肯氏青弹涂鱼（Scartelaos cantoris）	—	—	—
大青涂鱼（Scartelaos gigas）	—	—	—
青弹涂鱼（Scartelaos histophorus）	巴基斯坦、日本、澳大利亚均有分布。典型分布地：印度恒河三角洲	杂食性，它以硅藻和小型无脊椎动物为食，线虫、桡足类、介形亚纲动物等	低潮期间，较大个体于滩涂上常有的较低地区或平均海平面以下多见，而较小的个体通常在较高的地区多见，如红树林呼吸根区
细青弹涂鱼（Scartelaos tenuis）	从波斯湾到巴基斯坦。典型分布地：巴基斯坦		成鱼在较低和较高的泥滩或半流质泥滩多见
柴帕钝牙虾虎鱼属（Zappa）			
柴帕钝牙虾虎鱼（Zappa confluentus）	巴布亚新几内亚	—	淡水鱼，生活在有大量泥浆的河岸和低潮泥滩；它的洞穴很浅

第四节　背眼虾虎鱼亚科鱼类的行为特点概述

背眼虾虎鱼亚科鱼类的个体躺在洞穴内产蛋时至少有一个守护者(通常是一个雄性)。求偶行为和亲代抚育活动的大部分细节估计都发生在洞穴里,目前还没有学者对此进行过系统研究。在一些背眼虾虎鱼亚科鱼类物种中,其洞穴有维持室内小气候的结构(Ishimatsu et al.,1998,2000)。它们洞穴内气象条件的维护被认为是亲代保护子代的一种方式(Ishimatsu et al.,1998)。可能是潮汐周期使得弹涂鱼的洞穴在水下时几乎为缺氧状态,所以需要有一个利于它们求偶、孵卵的场所,才使它们进化出这样一系列的行为。雄性先挖一个洞穴,与同种雄性和其他入侵者(螃蟹、弹涂鱼等)搏斗,积极捍卫领土,它们在卵室中挖一个水平分支的地洞,地洞的特点是具有光滑的、拱形的顶部,这种结构能够维持空气充足的状态。求偶季节,雄性试图通过各种方式吸引雌性穿越其领地,它展示身体特定的鳍和鲜艳的色彩,展现其充满活力的身姿。当吸引到雌性之后,求偶和繁殖的仪式化行为开始了,雌性跟随雄性进入洞穴并在那里受精和产卵。

第五节　背眼虾虎鱼亚科鱼类的视角及眼球结构

大量的研究表明,为了适应空气中的视觉,弹涂鱼属、大弹涂鱼属、齿弹涂鱼属、青弹涂鱼属鱼类的眼睛都有适应性进化的表现。

弹涂鱼属鱼类可以独立移动它的眼睛,从 $10°\sim15°$ 立体正面观测时,它的眼睛是背靠背连接的,每侧都有 $180°$ 的可视区域,以利于观察上方和下方的情况(图 2-2)。它的眼球可以通过一个吊床型的肌肉结构来提高或降低,这个吊床型的结构由眼外肌、下斜肌和下直肌组成。这种结构使弹涂鱼属和大弹涂鱼属鱼类能够非常有效地增大它们的视野,而大多数的陆地四足动物都是通过脖子完成该功能。

弹涂鱼属鱼类高分辨率的空中视觉是通过稍扁平的晶状体和陡峭弯曲的角膜(只在陆生脊椎动物的角膜中出现的特点)来实现的,这两个特点都是为了适应光在空气中的折射率比在水中的折射率更小这一情况。弹涂鱼属鱼类的眼睛似乎在空气中是轻微远视的,然而有争议的是:它们在水里是否是正视力。角膜分为近端和远端两层(分别为角膜固有层和结膜),角膜固有层在脱水时和机械损伤时提供额外的保护。角膜固有层很可能使焦距的调整范围延长,使得弹涂鱼的可视距离增加,其视力更加适应水生和陆地的两栖生活。弹涂鱼属鱼类视网膜是倾斜的:从角膜的中心距离到视网膜上的距离在垂直方向上增加,这使得该类群视物时,可以在视网膜的一面(背侧)聚焦近处物体,同时又在视网膜的另一面(腹侧)聚焦遥远的目标,并且在视网膜的背部发现了高密度的感光细胞(图 2-3)。大弹涂鱼属和弹涂鱼属鱼类视网膜含有丰富的视锥细胞,并且很强烈地区域化:感光细胞排列在水平带背面。这使得该类群的视觉具有较高的分辨率和较低的感知运动的阈值,尤其是在与水平面成直角的眼部解剖轴位置,很可能具有非常高的捕捉小猎物的视觉能力。

在其他虾虎鱼和无关的粘鱼中发现了一种特异性的视网膜,似乎是适应底栖生活的小型鱼类的常见结构。弹涂鱼属鱼类的视神经纤维不像其他鱼类一样收缩在视神经盘中,而是分散在视网膜表

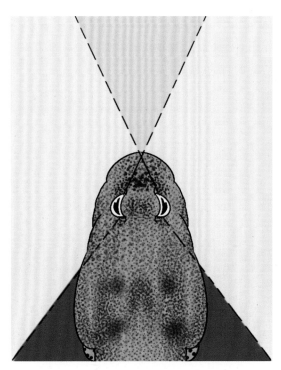

图 2-2　弹涂鱼的视觉区域示意图

注:虚线表示每一个眼睛的视觉范围,深黄色区域表示立体视觉范围。

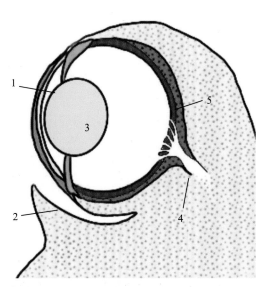

图 2-3　弹涂鱼眼睛的横截面图

注:1.角膜;2.杯状窝;3.晶状体;4.视神经;5.视网膜:红色区域为视神经纤维扩散的视网膜区域。

面,这种结构可能是为了避免减少这个区域的敏感性。弹涂鱼属的一些鱼类眼部结构颜色较深,当它们裸露在空气中时,这些深色的眼部结构可以保护其视网膜免受地表强烈阳光的光照。而其他有些物种的眼部结构中具有能反射光线的银纤维,适应黑暗的生活环境,例如在红树林下或者洞穴中生活的鱼类。还有一些生活在高高的红树林中的弹涂鱼属,它们的眼睛能明显地反折出黑暗中微弱的光。一些研究表明银线弹涂鱼(*Periophthalmus argentilineatus*)能够利用太阳确定方位。另外,弹涂鱼眼部的触觉感受具有重要的作用,例如金点弹涂鱼在退潮时会对东方有所感应,该种群的个体都会随着水域的边界线变化做出相协调的行为反应。

第三章　背眼虾虎鱼亚科鱼类角膜研究

　　背眼虾虎鱼亚科鱼类因其特殊的水陆两栖生活模式而被注目,已有的研究结果证明,本亚科鱼类具有明显的从水中到陆地的进化趋势,并且各属利用不同的结构机制来完成其陆上呼吸、摄食等生理功能,因此,背眼虾虎鱼亚科鱼类的视觉器官很有可能存在水陆过渡的明显特点,是作为适应性进化研究的优秀素材。

第一节　研究材料

一、实验用鱼

　　本研究所用标本一部分选用中国科学院动物研究所(ASIZB)鱼类标本馆历年来采集保存的标本,另外一部分来源于针对本次研究的野外采集。本次研究共选取背眼虾虎鱼亚科中6个属的6种鱼类。其中,叉牙虾虎鱼属和拟平牙虾虎鱼属的实验用鱼使用馆藏标本;背眼虾虎鱼属、青弹涂鱼属、大弹涂鱼属和弹涂鱼属的实验用鱼采集于中国福建省霞浦县近海,本研究实验用鱼的基本信息如表3-1所示,42尾实验用鱼均已编号。

（一）斑叉牙虾虎鱼

　　体色:背部底色为浅绿色,腹侧银白;从眼睛下方开始出现纵向暗纹,在脸颊和鳃盖、胸鳍基部上方,直至尾柄均有分布;有5～6处稍大黑色斑点;在侧翼和背部有许多分散的微小的黑色斑点;鳍儿乎透明,基部有朦胧的斑点;尾鳍和腹鳍下部为黑色,背鳍为橘红色;尾鳍大部分区域有暗色朦胧斑点;尾鳍后端呈橘红色;少许黑色线从胸鳍下缘延伸至尾鳍。体颇延长,前部亚圆筒形,后部稍侧扁。头长,前部稍平扁,后部亚圆筒形。头部具2个感觉管孔。颊部具2条水平状(纵向)感觉乳突线。吻圆钝,稍大于眼径。眼上,上侧位,不突出,位于头的前半部。眼后下缘有3～4条短上的放射状感觉乳突线、眼间隔狭,小于眼径。鼻孔每侧2个,无管状皮瓣。口大,前位,平裂。上、下颌约等长。上颌骨后端向后伸达眼后缘下方。两颌齿各1行,上颌前方齿直立,钝尖,犬齿状;下颌齿平卧,齿端分叉或平截,下颌缝合处后端有犬齿1对。舌圆形,前端不游离。具眶上孔,鳃孔狭小,约与胸鳍基等宽。鳃盖部无任何感觉管孔。峡部宽,鳃盖膜与峡部相连。具假鳃。鳃耙细小。体有圆鳞,头部有细鳞,纵列鳞40～60。第一背鳍前具小的皮脊突起。

表 3 - 1　研究所用标本基本信息表

分类单元	采集地	数量（保存方法）	全长/mm	头长/mm	头高（眼处）/mm	头宽（眼处）/mm	眼径/mm
鲈形目 Perciformes							
虾虎鱼科 Gobiidae							
背眼虾虎鱼亚科							
（1）叉牙虾虎鱼属 斑叉牙虾虎鱼	日本九州岛	1	75.5	16.1	8.5	11.2	3.2
（2）拟平牙虾虎鱼属 长身拟平牙虾虎鱼	印度尼西亚苏门答腊岛	5	60.2~185.3	12.2~27.1	5.2~10.5	5.2~11.1	2.9~4.5
（3）背眼虾虎鱼属 大齿背眼虾虎鱼	（3）~（6）均在中国福建省霞浦县近海采集	5	95.2~110.3	20.2~22.1	6.9~8.8	8.7~12.0	1.7~2.5
（4）青弹涂鱼属 青弹涂鱼		6	105.2~140.4	18.1~24.3	9.2~12.1	8.2~14.1	2.0~2.8
（5）大弹涂鱼属 大弹涂鱼		7 成鱼	151.3~165.1	31.4~33.5	15.2~17.1	14.5~17.1	5.7~7.2
		6 幼鱼	15.1~17.2	1.9~2.1	1.6~1.8	1.7~1.9	0.6~0.7
（6）弹涂鱼属 大鳍弹涂鱼		6 成鱼	73.2~120.1	13.2~25.2	9.3~17.1	10.0~17.1	2.6~3.7
		6 幼鱼	14.5~17.2	2.1~2.8	1.9~2.2	1.8~2.4	0.7~0.8

　　分类学特点:第一背鳍前具小的皮脊突起。2个背鳍,互相接近,基部以膜相连。第一背鳍有 6 鳍棘,第二背鳍有 1 鳍棘,20～23 鳍条。臀鳍基部甚长,具 1 鳍棘,21～23 鳍条。胸鳍尖圆,无游离鳍条。左、右腹鳍愈合成一吸盘。尾鳍尖长,大于头长。椎骨 26 枚。明显特点是在腰椎第四椎体后方有一对薄片状的横向突起和眶上孔(图 3-1)。

　　分布:日本南部,如日本九州岛。

　　生境:暖水性近岸或河口咸、淡水交界水域小型底栖鱼类。在洞穴里挖食鼓虾。

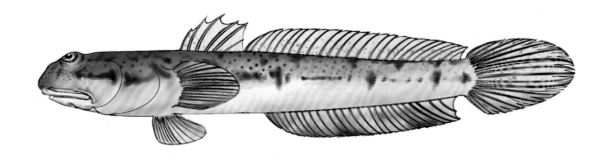

图 3-1　斑叉牙虾虎鱼特点示意图

(本图由毛宇帆手绘)

(二)长身拟平牙虾虎鱼

　　体色:体色多变,背部底色为淡黄色至淡棕色或淡黄色至红棕色,腹部白色,较小的个体臀鳍腹部无色素沉着;两侧和背部可见 6～8 条深棕色斜线平行排列,像马鞍状横跨于背部;背部经常有微小的棕色斑点;部分个体的尾柄部有微小的褐色斑点射线和褐色斑点,尾鳍呈淡黄褐色,有许多褐色斑点,形成波浪形、折线状;肛门、胸鳍和腹鳍为黄色至半透明橙色。

　　分类学特点:背鳍条数 28～31;头长为体长的 14.8%～22.0 %;头宽为体长的 7.8%～11.4 %;胸鳍长度为体长的 10.4%～13.4%;腹鳍长度为体长的 9.0%～11.5%,身体上只有很少的褐色斑点出现(图 3-2)。

图 3-2　长身拟平牙虾虎鱼外形特点示意图

(本图由毛宇帆手绘)

食性:底栖杂食性,摄食浮游植物(常见硅藻类群,蓝藻);它也吃小型无脊椎动物,如幼虾,用颤蚓虫喂养于水族馆内可以活几个月。它有 3 种不同的进食方法:ⓐ啃咬泥沙再通过鳃过滤食物颗粒;ⓑ泵送水流滤食(用比正常呼吸频率高 2～3 倍的频率跳动鳃盖);ⓒ在极浅的水中会跳出水面(部分出现),头部左右运动来刮泥和过滤泥水,类似大弹涂鱼属。方法ⓐ和ⓑ实际上是同一行为的两个阶段:沉积物收集和后续的水流过滤。

繁殖与生活史:这一物种的生活史跟所有虾虎鱼的通常模式略有不同。鱼卵孵化前沿着海岸漂浮,幼鱼进入大海的潮间带,变形为亚成鱼进入小溪、水湾和水池,在那里它们成长 8～9 个月。在雨季的开始(在越南南部是 5～6 月),成鱼通过小溪迁移到大海中(先雄性,然后雌性),经历性成熟,并最终到达繁殖地,它们可能位于红树林区、下潮间带或潮下带的泥滩区域。在越南南部,两个产卵高峰为 7 月和 10 月。同样,在印度(恒河三角洲),繁殖季节在西南季风来之前(7 月至 11 月)。据估计,它最初性成熟时体长 15～16cm(大约 1 岁),最长寿命约为 4 年。

分布:从印度到东南亚的东部沿海均有分布。有一处记录在日本九州岛发现此物种。在中国暂未发现此物种。

生境:成鱼在较低的泥滩和小溪中多见;亚成鱼于红树林多见,水生,隐居在潮上带的小潮池。干燥的季节,当潮池枯竭时,此物种可以夏眠在垂直的洞穴中(深约 60cm)。

(三)犬齿背眼虾虎鱼

体色:背侧底色为灰蓝色到淡褐色,腹面暗白色;沿着侧线可见许多细小的褐色斑点和 6 条深色不规则的条状黑斑;背鳍为透明—半透明状,可见微弱的暗色条纹,背鳍近末端的 4 根线处分布有一块大型黑斑;肛门附近尾鳍颜色较深,胸鳍和腹鳍呈半透明状,某些标本呈橙色色调;胸鳍基部可见大黑斑;上颌后部及前鼻孔尖呈黑色。

分类学特点:背鳍 2 个,以完整的鳍膜相连,第一背鳍起点在胸鳍基后上方,最后面的 2 条鳍棘较长;第二背鳍基底长,后部鳍条较长,最后面的鳍条平放时距尾鳍基很近。臀鳍基底长,与第二背鳍相对,同形,起点在第二背鳍的第三、第四鳍条基的下方,后部鳍条不与尾鳍相连。胸鳍尖圆,基部较厚,无游离丝状鳍条。左、右腹鳍愈合成一吸盘,等于或稍短于胸鳍。尾鳍尖长,短于头长。下颌部内没有尖牙;无裂齿;气孔在眼眶区的中间;舌骨呈匙形。本属的典型特征是具有像犬类一样的尖牙,尖齿两侧和前颌骨相连合(图 3-3)。

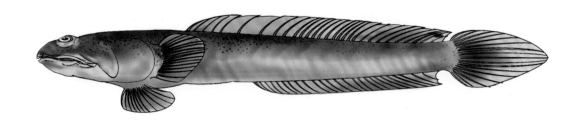

图 3-3 犬齿背眼虾虎鱼外形特点示意图

(本图由毛宇帆手绘)

分布:从印度海岸到中国南海。

生境:暖水性近岸小型鱼类,生活于河口的咸、淡水水域及近岸滩涂低潮区,常靠发达的胸鳍肌柄匍匐或跳跃于泥滩上。适温、适盐性广,洞穴定居。视觉和听觉灵敏,通常退潮时白天出洞,稍受惊吓即潜回水中或钻入洞内。个体较大体长>7cm,可以在涨潮时用拖网在泥滩下游捕获。个体较大的在滩涂下部多见,个体较小的在滩涂水深的区域更多见。

（四）青弹涂鱼

体色:背部及两侧底色呈灰蓝色,背侧颜色较深;腹部从暗蓝色渐变为白色;头部两侧和主躯干分散蓝黑色斑点;于两侧经常可见 4～8 条暗灰色或暗蓝色垂直条状斑;第一背鳍蓝灰色,端部黑色;第二背鳍暗色,具小蓝点。臀鳍、胸鳍和腹鳍浅色。胸鳍鳍条和基部具蓝点。尾鳍上具 4～5 条暗蓝色点横纹,尾鳍边缘为黑色。

分类特征:头宽为体长的 10.1%～12.4 %;尾鳍长度为体长的 18.5%～25.1%;前背鳍基部长度为体长的 5.7%～7.5 %;背鳍和臀鳍与尾鳍相连;下颚中间(与腹部中线相对)及边缘有触须;侧面有狭窄的、垂直的黑色条纹;第二背鳍后半部的基部有细小的黑色斑点或条纹。本属的主要特征是下颚分布有触须。背鳍 2 个,相距较远,第一背鳍高,基底短,鳍棘呈丝状延长,第三棘最长平放时可伸达第二背鳍前基 1/4 处;第二背鳍低,基部长,其长为头长的 2 倍,最后面鳍条的鳍膜与尾鳍相连。臀鳍基底长,与第二背鳍相对,同形,起点在第二背鳍第二鳍条基的下方,最后面鳍条的鳍膜与尾鳍相连。胸鳍尖,基部宽大,具臂状基柄。左、右腹鳍愈合成一吸盘,后缘完整。尾鳍尖长,下缘略呈斜截形(图 3－4)。

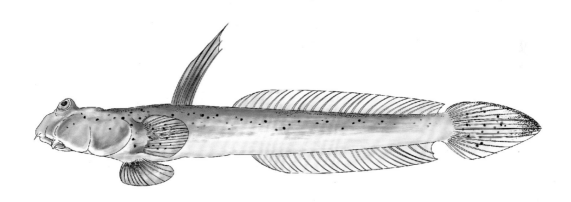

图 3－4　青弹涂鱼外形特点示意图

(本图由毛宇帆手绘)

食性:水底进食,杂食性,主要吃硅藻和小型无脊椎动物(线虫、介形亚纲动物、桡足类等)、有机碎屑。

繁殖:在退潮时离开洞穴繁殖,雄性用它们的尾巴站立起来以吸引雌性到它们的洞穴产卵。

分布:从巴基斯坦到日本和澳大利亚均有分布。

生境:低潮期间,较大的个体多见于滩涂上的较低地区、平均海平面以下,较小的个体经常在地势较高的地区被发现,如红树林呼吸根区和溪岸。青弹涂鱼在相对低潮期间可以适应各种环境条件,如泥浆滩涂、不同干燥程度的潮汐池或植物碎片和呼吸根混杂的区域。

(五)大弹涂鱼

体色:背部及两侧底色呈灰绿色;头部和背侧部有无数细小的淡蓝色斑点;背侧有6~7个黑色条状块斑;成鱼下眼眶为天蓝色(马来族群)。第一背鳍呈深灰绿色,布满天蓝色的斑点;第二背鳍呈绿灰色,有3~8排天蓝色斑点在鳍条间;尾鳍呈灰绿色到暗灰色,有天蓝色斑点或细长的条状斑点在尾鳍鳍条间;臀鳍下部为深灰色略带暗红色,上部为深色,呈透明状;胸鳍肌肉柄发达,有天蓝色斑点,胸鳍其余部分为暗灰色;腹鳍为深灰色。

分类特征:体延长,前部亚圆筒形,后部稍侧扁。背腹缘平直,尾柄高而短。头大,近圆形,略侧扁。头部具2个感觉管孔。颊部无横行的皮褶突起,有3行水平状(纵向)感觉乳突线。吻短而圆钝,大于眼径,前倾斜。眼小,背侧位,两眼互相接近,突出于头顶之上;眼下方具1个可将眼部分收入的眼窝,下眼睑发达。眼间隔狭,小于眼径。鼻孔每侧2个,相距较远,前鼻孔位于吻褶前缘,角状突出;后鼻孔小,圆形,位于眼前缘。口大,前位,平裂。上、下颌约等长,上颌骨后端向后延伸达眼后缘下方。上、下颌齿各1行,上颌齿直立,尖形,每侧前部3齿扩大,犬齿状,具一缺口;下颌齿平卧,齿端斜截形或有一凹缺,缝合处2齿扩大,犬齿状。犁骨、腭骨、舌上均无齿。唇厚。舌大,圆形,前端不游离。鳃孔大,鳃盖上方及前鳃盖骨后缘均无感觉管孔。峡部宽,鳃盖膜与峡部相连,鳃盖条5根,鳃耙尖短。体及头部有圆鳞,前部鳞细小,后部鳞较大。胸鳍基部亦有细圆鳞。体表皮肤较厚,无侧线。背鳍2个,分离,第一背鳍高,鳍棘常呈丝状延长,平放时伸越第二背鳍起点,第三鳍棘最长,大于头长;第二背鳍基底长,约为头长的1.7倍,鳍条较高,最后面的鳍条平放可伸达尾鳍基。臀鳍基底长,与第二背鳍同形,起点在第二背鳍的第四鳍条基的下方,最后面的鳍条平放时伸越尾鳍基。胸鳍尖圆,基部具臂状肌柄。左、右腹鳍愈合成一吸盘,后缘完整。尾鳍尖圆,下缘斜截形,椎骨26枚(图3-5)。

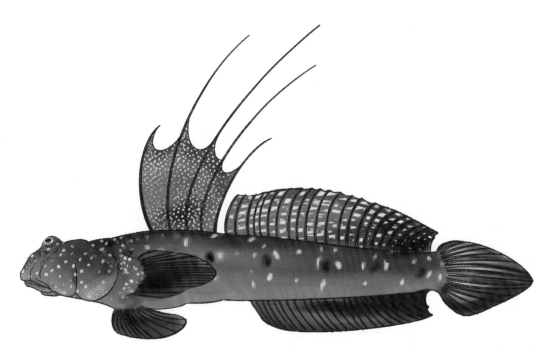

图3-5　大弹涂鱼外形特点示意图

(本图由毛宇帆手绘)

该属的特点是头部和背部表皮非常厚,斑点明显;骨盆带上有一个矩形软骨。

食性:水底进食,草食性,主食硅藻,在浅水泥滩中头部左右摆动筛分泥浆和海藻,在带泥或不带泥的水滩中觅食。在寒冷的季节,带泥的水滩中有较多的硅藻,影响着鱼群的密度。对这些鱼类的肠道菌群进行研究发现,所有的同类物种(同属物种)有着几乎相同的取食行为,它们可能有非常相似的食性。

繁殖:雄性跳跃着吸引雌性进入洞穴内产卵。

在日本族群中,成年雌性第 1 背鳍的第 2 根鳍条更为细长,同样在马来亚种群中成年雌性第 1 背鳍的鳍条比雄性更细长。这也与在马来西亚和泰国观察到的薄氏大弹涂鱼标本一致,并且与新几内亚的大弹涂鱼标本也是一样的。

大弹涂鱼可通过诱导排卵进行人工繁殖和苗种培育。

分布:中国和日本南部,也有记录称在东南亚(马来西亚半岛)和印度尼西亚发现该鱼类。马来西亚、中国和日本的族群表现出略微不同的体色和形态。

生境:栖息于沿海泥滩的开放性区域。最大的个体只存在于地势较低的无植被滩涂,较小的个体更多地表现为不规则分布,在泥滩开放性区域沿临时水湾入口进入红树林的呼吸根区。在冬季,日本南部的族群在洞穴的底部冬眠。

(六)大鳍弹涂鱼

体色:底色为浅褐色,颊、鳃和体侧有蓝色的斑点,头部较多;下颚和腹部为白色;鳃盖边缘下部为暗褐色,侧面可见 4～8 处不规则斑点;第 1 背鳍可见红褐色与黑色的窄条纹,边缘透明至白色;第 2 背鳍的下部,有狭窄的透明条纹、红褐色条纹和黑色条纹;胸鳍为暗灰色;尾鳍为暗灰色,端部偏黑;臀鳍黑色;腹鳍端部为灰色,基部色暗呈黑色。

分类特征:体延长,侧扁;背缘平直,腹缘浅弧形;尾柄较长。头宽大,略侧扁。吻短而圆钝,斜直隆起。头部和鳃盖部无任何感觉管孔。颊部无横列的皮褶突起,仅具零星感觉乳突。吻褶发达,边缘游离,盖于上唇。眼中大,背侧位,位于头的前半部,互相靠近,突出于头的背面;下眼睑发达。眼间隔颇狭,不明显。鼻孔每侧 2 个,相距较远,前鼻孔为圆形,为一小管,突出于吻褶前缘;后鼻孔小,圆形,位于眼前。口小,亚下位,平裂或成弧形。上颌稍长于下颌,上颌骨后端向后延伸达眼中部下方。两颌齿各 1 行,尖锐,直立,前端数齿稍大;下颌缝合处无犬齿。犁骨、腭骨、舌上均无齿。唇发达,软厚;上唇分中央和两侧 3 个部分,口角附近稍厚。舌宽圆形,不游离。颏部无须。鳃孔狭,裂缝状,位于胸鳍基下方 1/2 处。峡部宽,鳃盖膜与峡部相连,鳃盖条 5 根,鳃耙细弱。体及头上部被圆形鳞片,无侧线。背鳍 2 个,分离,较接近,两背鳍间距小,约为眼径之半,第一背鳍高耸,略呈大三角形,起点在胸鳍基后上方,边缘圆弧形,各鳍棘尖端短丝状,多伸出鳍膜之外,第一鳍棘最长,先端呈丝状延长,为头长的 80%,其后各鳍棘渐短,但中部鳍棘(第六或第七鳍棘)平放时可伸达或伸越第二背鳍起点;第二背鳍基部长,稍小于或等于头长最后面的鳍条,平放时不伸达尾鳍基。臀鳍基底长,与第二背鳍同形,起点在第二背鳍第二鳍条基的下方,最后面的鳍条平放时不伸达尾鳍基。胸鳍尖圆,基部肌肉发达,呈臂状肌柄。左、右腹鳍基部愈合成一"心"形吸盘,后缘凹入,具膜盖及愈合膜。尾鳍圆形,下缘斜直,基底上、下具短小副鳍条 4～5 条(图 3-6)。

食性:杂食性,主食浮游动物、昆虫、沙蚕、桡足类、枝角类等,也食底栖硅藻和蓝绿藻。

繁殖:在韩国,繁殖季节从 5 月初至 7 月。成年雄性在较高和倾斜的潮间带滩涂挖洞,并用盐生

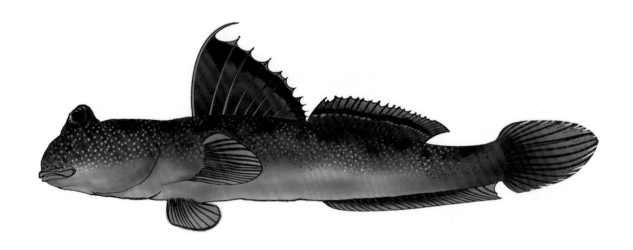

图 3－6　大鳍弹涂鱼外形特点示意图

(本图由毛宇帆手绘)

草覆盖。为了吸引雌性,它们用身体和鳍垂直跳跃。当雌性接受雄性时,雄性便将雌性诱导进入洞穴,进行交配。繁殖洞穴有 2 个出入口——两个孔道汇合成一个较大的垂直孔道,然后转为水平孔道,在里边形成一个圆顶形室,雌性便在那里产卵。产卵后,雌性离开洞穴,雄性看守鱼卵并维持卵室的空气相对流通。

分布:韩国到中国南海均有分布。

生境:暖温性近岸小型鱼类,栖息于底质为淤泥、泥沙的高潮区,或半咸、淡水的河口及沿海岛屿、港湾的滩涂处及红树林,亦进入淡水。适温、适盐性广,洞穴定居。常靠发达的胸鳍肌柄匍匐或跳跃于泥滩上,退潮时在滩涂上觅食。视觉和听觉灵敏,稍有惊动就很快跳回水中或钻入洞穴。与弹涂鱼相反,大鳍弹涂鱼整个活动季节会长期利用它的洞穴。

二、实验仪器设备及试剂

（一）实验主要仪器设备

玻璃棒、培养皿、吸管、解剖工具、天平、容量瓶、量筒、烧杯、吸水纸、橡胶手套、通风橱、暗室。
Exploit/开拓 200mm 数显游标卡尺 032102、ZEISS STEISV Ⅱ 体视显微镜、Canon EOS5D Mark Ⅱ 数码相机、HITACHI E－1010 SPUTTER 型离子溅射仪、LEICA EM CPD300 型临界点干燥仪、HITACHI S－3000N 型扫描电镜、HITACHI FE－SEM SU8010 型扫描电镜。

（二）实验主要试剂

甲醛、分析纯乙醇、锇酸、戊二醛(25％水溶液)、磷酸二氢钠、十二水合磷酸氢二钠。

第二节　角膜研究方法

一、样品处理方法

对标本进行详细的形态学测量,包括体长、头长、头高、头宽、眼径数据(Exploit/开拓 200mm 数显游标卡尺 032102,精确度 0.1mm),在 ZEISS STEISV Ⅱ 体视显微镜下观察眼睛形状、位置,之后沿鱼眼缘完整地取出标本右侧眼球。全程使用 Canon EOS5D Mark Ⅱ 数码相机进行拍照记录,图像由 EOS Utility 2.8 进行采集。切下的眼球用蒸馏水洗净,若为活体标本,经预冷的 2.5％戊二醛固定,0.1mol/L 磷酸钠缓冲液漂洗,1％锇酸二次固定,0.1mol/L 磷酸钠缓冲液漂洗,以 30％～100％酒精梯度脱水;保存在 3％～4％甲醛溶液中的样品直接以 30％～100％酒精梯度脱水;保存在 75％酒精的样品则直接以 80％～100％酒精梯度脱水。利用 LEICA EM CPD300 型临界点干燥仪进行干燥,HITACHI E-1010 SPUTTER 型离子溅射仪喷镀,利用 HITACHI S-3000N 型扫描电镜观察样品并拍照。以鱼眼自然睁开状态下暴露的角膜,分别取正中、上、下、左、右 5 个位置进行观察比较,每个位置拍摄 5 张以上的照片记录信息,拍摄位点如图 3-7 所示。

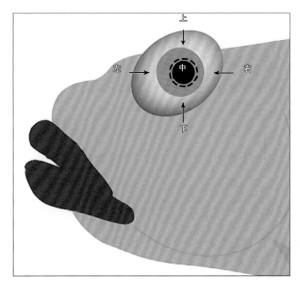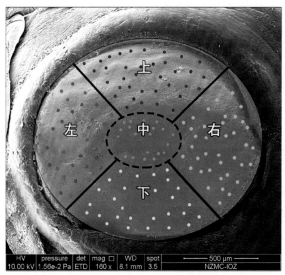

图 3-7　角膜观察点位示意图

二、扫描电镜图片数据采集

扫描电镜下鱼类的角膜被放大许多倍(本书所用图片放大范围为 1000～30 000 倍),扫描电镜所记录图片中有比例尺大小和原图的边长尺寸,可计算得出图片的实际面积。本研究采用的方法类似于细胞计数板法,每一张图片相当于细胞板中间的计数格,由于图片中细胞边界明显,计数时统计图片内出现的所有细胞，对于图片边缘出现的不完整细胞，仅计算左侧和上侧的细胞（包括压线细胞），省略图片下侧和右侧的压线细胞，以此方法来减小计数误差。利用 ArcGIS 10 软件打点统计每一张图片中的细胞数量，测量图片尺寸，根据图片比例尺计算各个图片中角膜上皮细胞的密度，再通过多张图片的数据取平均值得出每一个标本每一个区域的角膜上皮细胞密度，具体如图 3-8 所示。

　　观察所拍摄的扫描电镜图片，确定图片中的细胞类型及微结构类型，包括微嵴、微绒毛、微洞和微褶；同样利用 ArcGIS 10 软件测量微嵴的宽度以及微嵴间距，根据图片比例尺换算所测得的距离长度，再通过多个点位和多张图片的数据取平均值得出每一个标本每一个区域的微嵴宽度和微嵴间距值，具体如图 3-9 所示。然后在每一个种内，每一个观察区域内，根据多个标本的数据计算平均值和标准差，得出每个种最终的数据。

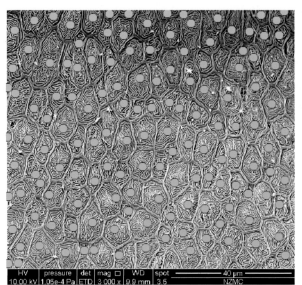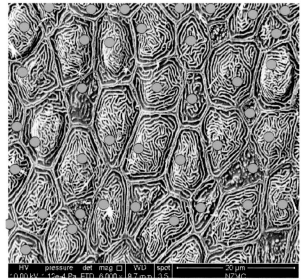

图 3-8　细胞计数统计图

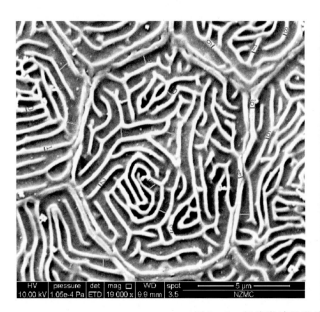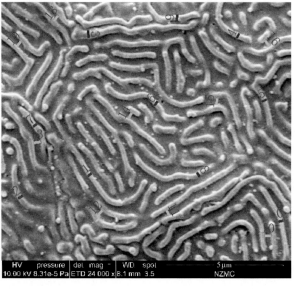

图 3-9　细胞微嵴及微嵴间距宽度测量统计图

第三节　本研究技术路线图

本研究技术路线图如图 3 - 10 所示。

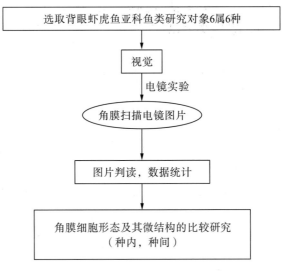

图 3 - 10　技术路线图

第四章 背眼虾虎鱼亚科鱼类角膜扫描电镜观察

第一节 眼部的外形观察

本研究所用的 6 种背眼虾虎鱼亚科鱼类,它们的生境由水生变化到接近陆生时,其眼部的突出部分越来越大,斑叉牙虾虎鱼眼球基本在眼眶内,而大鳍弹涂鱼的眼球超过 2/3 的部分突出于眼眶。此外,这 6 种鱼类的眼球色彩也比较丰富。背眼虾虎鱼亚科的这 6 个种鱼类总是栖息在海边或者浅水的两栖地区,眼睛不仅需要适应水中的视觉,还要观察地面或空气中的情况,其眼睛分布在头的上部,接近顶部,有利于观察水陆的环境变化。

本研究最终采用数据的 40 尾标本的基本信息见附表 1(背眼虾虎鱼亚科鱼类 6 个种的标本基本信息测量数据)。

第二节 角膜外表面细胞形态结构的 SEM 观察

图 4-1—图 4-8 为本书所研究背眼虾虎鱼亚科 6 个种类的角膜外表面的扫描面电镜图。6 个种类的角膜上皮细胞均可见清晰的边界,均可进行细胞计数。

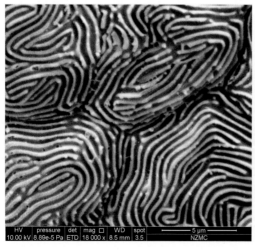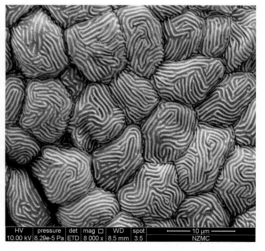

图 4-1 斑叉牙虾虎鱼角膜扫描电镜图

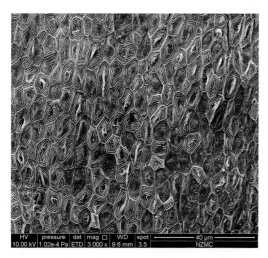
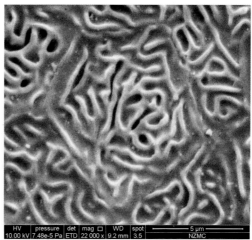

图 4 - 2　长身拟平牙虾虎鱼角膜扫描电镜图

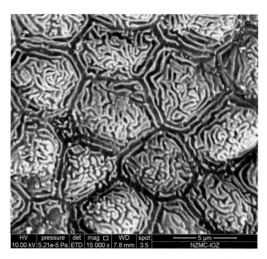
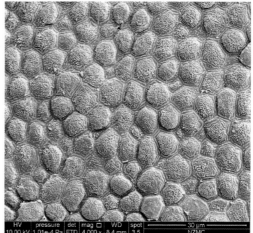

图 4 - 3　犬齿背眼虾虎鱼角膜扫描电镜图

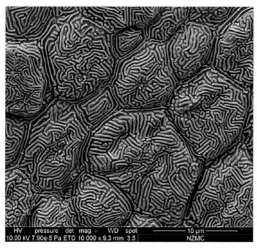
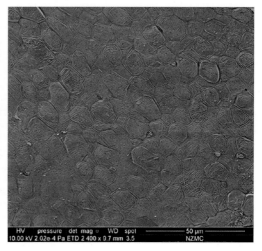

图 4 - 4　青弹涂鱼角膜扫描电镜图

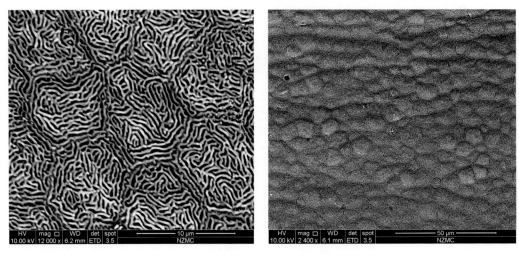

图 4-5　大弹涂鱼(成鱼)角膜扫描电镜图

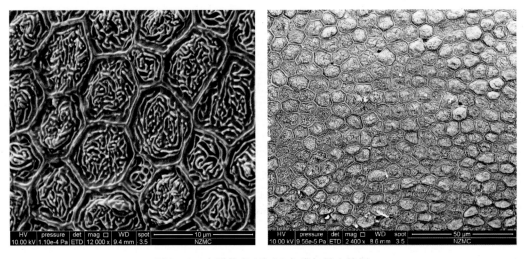

图 4-6　大弹涂鱼(幼鱼)角膜扫描电镜图

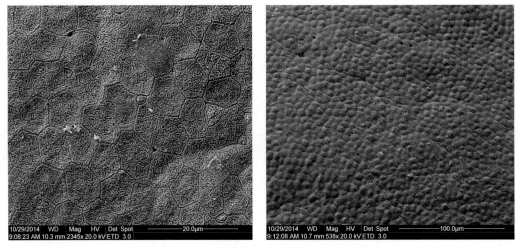

图 4-7　大鳍弹涂鱼(成鱼)角膜扫描电镜图

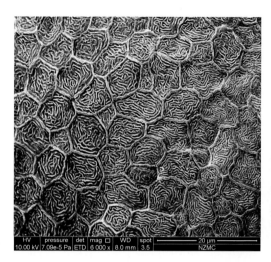 

图 4-8　大鳍弹涂鱼(幼鱼)角膜扫描电镜图

第三节　角膜上皮细胞密度统计结果

在每个种类实验标本的每个观察区域选取 3～5 张扫描电镜图来计数细胞,然后根据比例尺计算图片面积,换算得出上皮细胞密度,取平均值,统计结果见表 4-1—表 4-8,显示了每个标本每个观察区域的角膜上皮细胞密度平均值。

一、斑叉牙虾虎鱼角膜上皮细胞密度统计结果

表 4-1 为斑叉牙虾虎鱼实验用标本角膜不同区域上皮细胞密度,最大值出现在右侧,为 19 781.80 个/mm^2。角膜上皮细胞密度整体平均值为 18 106.28 个/mm^2。

表 4-1　斑叉牙虾虎鱼角膜不同区域上皮细胞密度统计表　　　　　单位:个/mm^2

标本号	观察部位				
	上	下	左	右	中
77	19 448.34	15 986.74	16 034.08	19 781.80	19 280.45

二、长身拟平牙虾虎鱼角膜上皮细胞密度统计结果

表 4-2 为长身拟平牙虾虎鱼实验用标本角膜不同区域上皮细胞密度,最大值出现在 60 号标本的上侧,为 34 319.64 个/mm^2。角膜上皮细胞密度整体平均值为 21 362.00 个/mm^2,标准差为 4 847.63。

表 4 - 2　长身拟平牙虾虎鱼角膜不同区域上皮细胞密度统计表　　　单位:个/mm²

标本号	观察部位				
	上	下	左	右	中
51	23 125.12	24 079.48	28 150.52	19 706.83	14 821.58
52	14 320.08	17 612.37	21 889.51	19 989.61	18 429.74
60	34 319.64	26 828.85	28 923.52	29 518.17	14 931.56
75	18 255.46	17 619.91	21 352.18	18 204.21	15 161.55

三、犬齿背眼虾虎鱼角膜上皮细胞密度统计结果

表 4 - 3 为犬齿背眼虾虎鱼实验用标本角膜不同区域上皮细胞密度,最大值出现在 9 号标本的下侧,为 36 897.98 个/mm²。角膜上皮细胞密度整体平均值为 25 809.18 个/mm²,标准差为 4 583.09。

表 4 - 3　犬齿背眼虾虎鱼角膜不同区域上皮细胞密度统计表　　　单位:个/mm²

标本号	观察部位				
	上	下	左	右	中
9	31 790.40	36 897.98	29 772.91	19 367.64	33 796.89
13	27 241.90	25 505.33	27 948.34	25 915.74	24 767.19
14	28 181.76	27 737.30	29 286.85	25 491.40	28 737.77
15	25 319.85	21 220.75	22 366.31	23 087.49	21 539.89
17	19 426.39	20 981.61	21 073.36	25 383.07	22 391.43

四、青弹涂鱼角膜上皮细胞密度统计结果

表 4 - 4 为青弹涂鱼实验用标本角膜不同区域上皮细胞密度,最大值出现在 25 号标本的上侧,为 22 725.71 个/mm²。角膜上皮细胞密度整体平均值为 16 107.67 个/mm²,标准差为 4 334.76。

表 4 - 4　青弹涂鱼角膜不同区域上皮细胞密度统计表　　　单位:个/mm²

标本号	观察部位				
	上	下	左	右	中
21	18 771.67	18 923.23	19 732.39	17 541.10	20 289.81
25	22 725.71	20 190.85	17 182.97	10 961.96	21 192.98
27	11 721.74	69 99.88	11 188.82	14 425.31	13 523.05
28	19 884.98	16 765.02	19 125.06	21 018.49	16 390.10
29	12 955.41	9 756.44	15 541.05	12 717.19	13 166.62

五、大弹涂鱼角膜上皮细胞密度统计结果

表 4 - 5 为大弹涂鱼成鱼实验用标本角膜不同区域上皮细胞密度,最大值出现在 47 号标本的右侧,为 27 590.34 个/mm²。角膜上皮细胞密度整体平均值为 15 827.57 个/mm²,标准差为 4 951.82。

表 4 - 5　大弹涂鱼成鱼角膜不同区域上皮细胞密度统计表　　单位:个/mm²

标本号	观察部位				
	上	下	左	右	中
43	8 828.50	18 321.73	17 239.33	13 585.37	11 674.41
44	14 129.81	13 645.48	10 075.31	15 080.59	10 621.69
45	15 090.57	19 040.17	23 657.28	17 158.82	15 644.17
46	10 605.92	13 921.15	19 020.04	11 337.15	11 152.49
47	21 874.48	19 897.48	18 813.92	27 590.34	21 054.08
48	7 090.14	10 811.85	12 941.20	17 142.54	8 651.99
49	13 871.33	20 264.82	24 410.32	15 903.21	23 747.59

表 4 - 6 为大弹涂鱼幼鱼实验用标本角膜不同区域上皮细胞密度,最大值出现在 56 号标本的左侧,为 51 934.89 个/mm²。角膜上皮细胞密度整体平均值为 31 137.17 个/mm²,标准差为 10 339.53。

表 4 - 6　大弹涂鱼幼鱼角膜不同区域上皮细胞密度统计表　　单位:个/mm²

标本号	观察部位				
	上	下	左	右	中
56	50 874.24	47 468.82	51 934.89	31 548.53	40 881.31
57	39 952.42	45 328.28	42 287.43	38 503.07	36 005.97
67	20 167.73	25 876.48	25 607.94	24 147.34	24 442.13
68	19 825.35	21 286.18	22 811.25	18 195.07	19 935.62
69	34 604.76	34 515.45	33 720.45	31 311.83	32 527.20
70	20 740.68	25 657.29	21 387.77	31 443.98	21 125.62

六、大鳍弹涂鱼角膜上皮细胞密度统计结果

表 4 - 7 为大鳍弹涂鱼成鱼实验用标本角膜不同区域上皮细胞密度,最大值出现在 38 号标本的左侧,为 63 247.34 个/mm²。角膜上皮细胞密度整体平均值为 25 953.91 个/mm²,标准差为 9 355.58。

表 4-7　大鳍弹涂鱼成鱼角膜不同区域上皮细胞密度统计表　　　　　单位:个/mm²

标本号	观察部位				
	上	下	左	右	中
18	22 938.04	23 995.23	17 890.79	28 405.14	27 387.09
20	30 166.41	17 728.08	30 302.67	41 578.06	26 006.52
30	16 327.80	15 295.48	15 295.48	16 267.63	24 992.21
33	13 309.76	31 465.75	16 565.76	26 651.42	20 264.19
38	23 540.84	42 939.53	63 247.34	26 446.61	20 603.98
54	26 631.62	38 162.08	27 790.82	23 092.81	23 328.07

表 4-8 为大鳍弹涂鱼幼鱼实验用标本角膜不同区域上皮细胞密度,最大值出现在 65 号标本的下侧,为 45 202.79 个/mm²。角膜上皮细胞密度整体平均值为 27 074.10 个/mm²,标准差为 6 032.49。

表 4-8　大鳍弹涂鱼幼鱼角膜不同区域上皮细胞密度统计表　　　　　单位:个/mm²

标本号	观察部位				
	上	下	左	右	中
58	19 232.76	12 778.15	24 332.59	24 390.31	26 637.48
59	28 860.26	19 164.45	19 078.68	25 317.41	21 211.69
64	33 602.11	31 021.73	35 690.02	31 506.15	28 874.87
65	27 420.55	45 202.79	29 338.00	31 391.37	27 392.29
72	22 329.21	23 438.48	23 201.31	23 791.68	22 295.94
79	29 633.39	32 241.77	30 507.51	31 978.38	30 361.62

第四节　角膜上皮细胞微结构特点观察

Collin 等(2006)的研究表明,脊椎动物的角膜上皮细胞主要形态为不规则五边形或六边形,并具有 4 个种类的角膜上皮细胞微结构:①微绒毛是从角膜上皮细胞表面延伸出来的,该结构垂直于角膜表面。②微褶是一系列不规则的小型细长凸起,且部分重叠。③微嵴与微褶类似,是一系列不规则的细胞突起,但较微褶明显更长,在每个上皮细胞内形成错综复杂的图案并经常表现为同心轴图案。④微洞是在 3 个或 4 个角膜上皮细胞的交界处形成的小孔,是一种上皮细胞膜表面的凹陷。

下面将详细描述本书所研究的 6 种鱼类的角膜上皮细胞微结构。

一、斑叉牙虾虎鱼角膜上皮细胞微结构

斑叉牙虾虎鱼的角膜上皮细胞如图 4-9 所示,细胞边界明显,微嵴清晰连续,微嵴和微脊间隙的宽度可测量,未见微洞、微褶和微绒毛,如图 4-10 所示。细胞类型为微嵴型细胞。

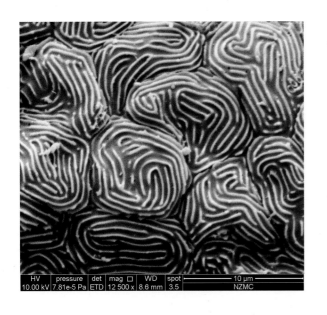

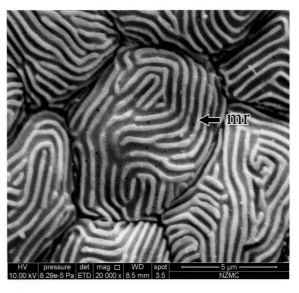

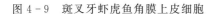

mr 为微嵴。

图 4-9　斑叉牙虾虎鱼角膜上皮细胞　　　　图 4-10　斑叉牙虾虎鱼角膜上皮细胞微结构

二、长身拟平牙虾虎鱼角膜上皮细胞微结构

　　长身拟平牙虾虎鱼的角膜上皮细胞如图 4-11 所示，细胞边界明显，微嵴清晰连续，微嵴和微脊间隙的宽度可测量，出现微洞，也有微褶和微绒毛，如图 4-12 所示。与斑叉牙虾虎鱼相比较，细胞相互间的分界线十分明显，为两条连续平行的微嵴。细胞类型为微嵴型细胞。

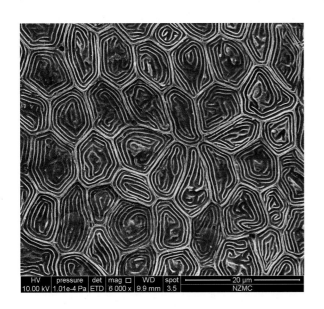

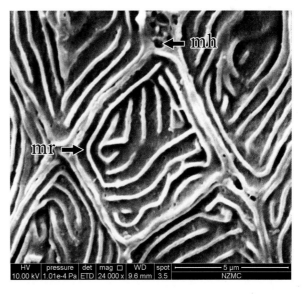

mh 为微洞；mr 为微嵴。

图 4-11　长身拟平牙虾虎鱼角膜上皮细胞　　　　图 4-12　长身拟平牙虾虎鱼角膜上皮细胞微结构

三、犬齿背眼虾虎鱼角膜上皮细胞微结构

　　犬齿背眼虾虎鱼的角膜上皮细胞如图4-13所示,细胞边界明显,可见微洞、微褶和微绒毛,如图4-14所示。与斑叉牙虾虎鱼和长身拟平牙虾虎鱼相比较,细胞相互间的分界十分明显,间隙松散,且间隙宽度可测量,仅有少量连续的微嵴。细胞类型为微褶型细胞。

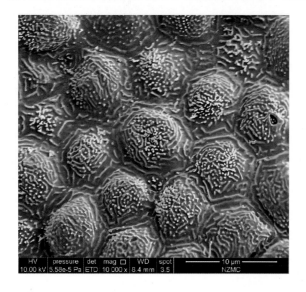

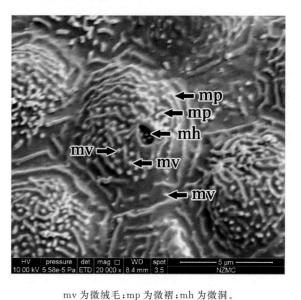

mv 为微绒毛;mp 为微褶;mh 为微洞。

图4-13　犬齿背眼虾虎鱼角膜上皮细胞　　　　图4-14　犬齿背眼虾虎鱼角膜上皮细胞微结构

四、青弹涂鱼角膜上皮细胞微结构

　　青弹涂鱼的角膜上皮细胞如图4-15所示,细胞边界明显,可见微嵴、微褶和微绒毛,如图4-16所示。与斑叉牙虾虎鱼和长身拟平牙虾虎鱼相比较,微脊连续性稍差,青弹涂鱼角膜上皮细胞表面未观察到微洞结构。细胞类型为微嵴型细胞。

mv 为微绒毛;mp 为微褶;mr 为微嵴。

图4-15　青弹涂鱼角膜上皮细胞　　　　图4-16　青弹涂鱼角膜上皮细胞微结构

五、大弹涂鱼角膜上皮细胞微结构

(一)大弹涂鱼成鱼

如图 4-17、图 4-18 所示,大弹涂鱼的角膜上皮细胞边界明显,边界有较多向外侧延伸的小突起。细胞种类较多,有的细胞为微嵴型细胞,有的细胞为网状细胞,有的细胞为二者的混合体,还有微褶型细胞,角膜上皮细胞形态多样性明显。

图 4-17　大弹涂鱼角膜上皮细胞 1

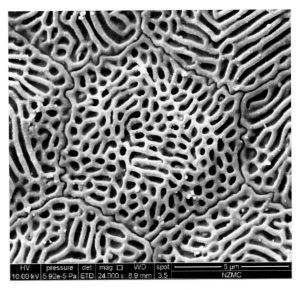

图 4-18　大弹涂鱼角膜上皮细胞 2

大弹涂鱼的角膜上皮细胞微结构如图 4-19、图 4-20 所示,细胞边界明显,可见微嵴、微褶、微绒毛和微洞结构。相比之前的 4 种实验用鱼,大弹涂鱼的角膜上皮细胞微结构种类最多。

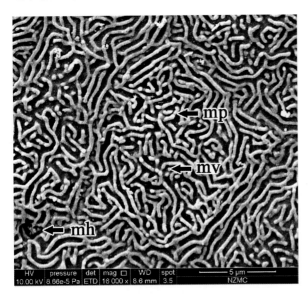

mv 为微绒毛;mp 为微褶;mh 为微洞。

图 4-19　大弹涂鱼角膜上皮细胞微结构 1

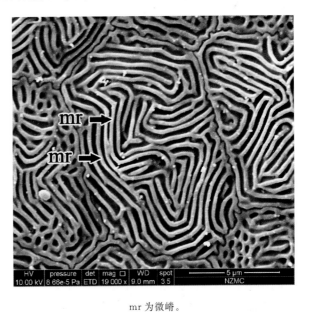

mr 为微嵴。

图 4-20　大弹涂鱼角膜上皮细胞微结构 2

(二)大弹涂鱼幼鱼

大弹涂鱼幼鱼的角膜上皮细胞如图 4-21 所示,细胞边界明显,可见微嵴、微褶、微绒毛和微洞结构,如图 4-22 所示。相比成鱼,角膜上皮细胞表面的 4 种微结构一致,但细胞类型较大弹涂鱼成鱼偏单一,仅有微褶型细胞,没有观察到网状细胞和混合型的细胞,且细胞边界微嵴平滑,没有向外侧延伸的小突起。

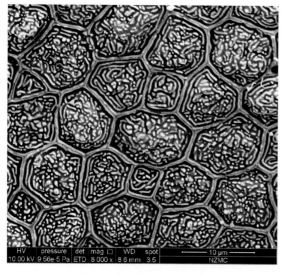

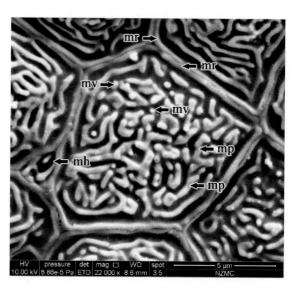

mv 为微绒毛;mp 为微褶;mr 为微嵴;mh 为微洞。

图 4-21　大弹涂鱼(幼鱼)角膜上皮细胞

图 4-22　大弹涂鱼(幼鱼)角膜上皮细胞微结构

六、大鳍弹涂鱼角膜上皮细胞微结构

(一)大鳍弹涂鱼成鱼

如图 4-23、图 4-24 所示,大鳍弹涂鱼成鱼的角膜上皮细胞边界明显,边界有较多向外侧延伸的小突起。细胞种类较多,有的细胞为微褶型细胞,微嵴型细胞,有的细胞为网状细胞。

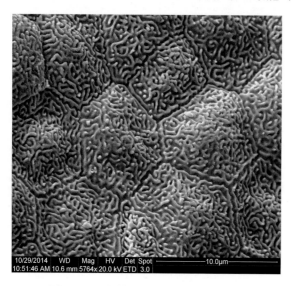

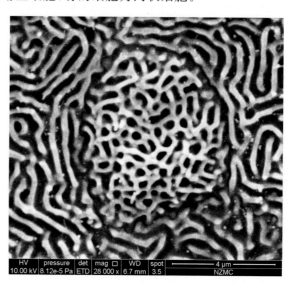

图 4-23　大鳍弹涂鱼角膜上皮细胞 1

图 4-24　大鳍弹涂鱼角膜上皮细胞 2

大鳍弹涂鱼的角膜上皮细胞微结构如图4-25、图4-26所示,细胞边界较明显,可见微嵴、微褶、微绒毛和微洞结构。相比大弹涂鱼,大鳍弹涂鱼的角膜上皮细胞微嵴稍显不够平滑,微绒毛和微褶较多。

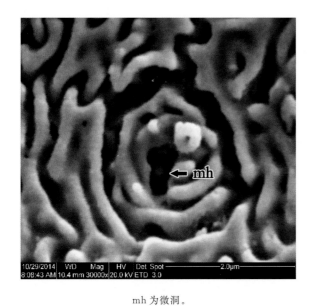

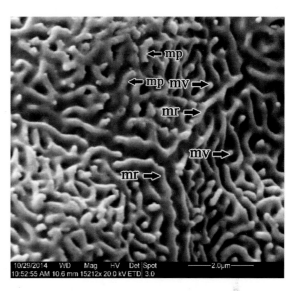

mh为微洞。

图4-25　大鳍弹涂鱼角膜上皮细胞微结构1

mv为微绒毛;mp为微褶;mr为微嵴。

图4-26　大鳍弹涂鱼角膜上皮细胞微结构2

(二)大鳍弹涂鱼幼鱼

如图4-27、图4-28所示,大鳍弹涂鱼幼鱼的细胞边界明显,可见微嵴、微褶、微绒毛和微洞结构。相比成鱼,角膜上皮细胞表面的4种微结构一致,细胞类型有微嵴型细胞和微褶型细胞,没有观察到网状细胞和混合型的细胞,且细胞边界微嵴平滑,没有向外侧延伸的小突起。

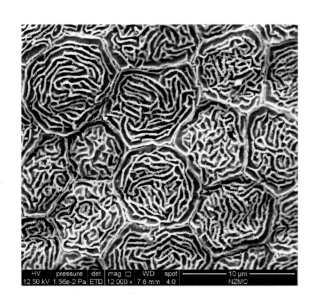

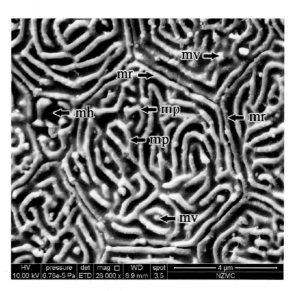

mv为微绒毛;mp为微褶;mr为微嵴;mh为微洞。

图4-27　大鳍弹涂鱼(幼鱼)角膜上皮细胞

图4-28　大鳍弹涂鱼(幼鱼)角膜上皮细胞微结构

第五节　角膜上皮细胞微嵴宽度

一、斑叉牙虾虎鱼角膜上皮细胞微嵴宽度

表4-9为斑叉牙虾虎鱼角膜不同区域上皮细胞的微嵴宽度，最大值出现在下侧，为252.11 nm。角膜上皮细胞的微嵴宽度平均值为240.00nm。

表4-9　斑叉牙虾虎鱼角膜不同区域上皮细胞的微嵴宽度统计表　　　　　单位：nm

标本号	观察部位				
	上	下	左	右	中
77	227.81	252.11	247.33	235.56	237.21

二、长身拟平牙虾虎鱼角膜上皮细胞微嵴宽度

表4-10为长身拟平牙虾虎鱼角膜不同区域上皮细胞的微嵴宽度，最大值出现在60号标本的上侧，为320.26nm。角膜上皮细胞的微嵴宽度平均值为244.20 nm，标准差为38.41。

表4-10　长身拟平牙虾虎鱼角膜不同区域上皮细胞的微嵴宽度统计表　　　　　单位：nm

标本号	观察部位				
	上	下	左	右	中
51	195.72	220.16	205.29	210.47	201.29
52	280.16	268.73	272.92	244.13	267.10
60	320.26	218.77	202.45	202.29	234.28
75	293.35	219.87	285.31	295.92	245.48

三、犬齿背眼虾虎鱼角膜上皮细胞微嵴宽度

表4-11为犬齿背眼虾虎鱼角膜不同区域上皮细胞的微嵴宽度，最大值出现在15号标本的左侧，为250.78nm。角膜上皮细胞的微嵴宽度平均值为221.17nm，标准差为21.74。

表 4 - 11　犬齿背眼虾虎鱼角膜不同区域上皮细胞的微嵴宽度统计表　　　　　单位:nm

标本号	观察部位				
	上	下	左	右	中
9	212.32	199.98	205.45	178.91	219.61
13	210.92	221.60	223.77	220.99	225.21
14	241.88	239.49	242.76	237.45	243.09
15	242.57	246.70	250.78	224.21	246.92
17	221.75	193.19	211.69	176.79	191.15

四、青弹涂鱼角膜上皮细胞微嵴宽度

表 4 - 12 为青弹涂鱼角膜不同区域上皮细胞的微嵴宽度,最大值出现在 25 号标本的右侧,为 244.29nm。角膜上皮细胞的微嵴宽度平均值为 205.14 nm,标准差为 18.53。

表 4 - 12　青弹涂鱼角膜不同区域上皮细胞的微嵴宽度统计表　　　　　单位:mm

标本号	观察部位				
	上	下	左	右	中
21	195.83	179.46	182.84	203.69	211.58
25	187.63	244.14	230.90	244.29	213.34
27	176.25	228.70	208.37	219.88	204.58
28	176.64	198.11	179.67	177.82	211.10
29	210.50	194.25	208.31	219.02	221.67

五、大弹涂鱼角膜上皮细胞微嵴宽度

表 4 - 13 为大弹涂鱼成鱼角膜不同区域上皮细胞的微嵴宽度,最大值出现在 44 号标本的上侧,为 316.12nm。角膜上皮细胞的微嵴宽度平均值为 249.08nm,标准差为 27.88。

表 4 - 13　大弹涂鱼成鱼角膜不同区域上皮细胞的微嵴宽度统计表　　　　　单位:nm

标本号	观察部位				
	上	下	左	右	中
43	296.43	208.63	229.90	269.51	278.23
44	316.12	204.72	206.53	209.25	197.55
45	260.22	248.78	233.25	259.33	257.74

续表 4 - 13

标本号	观察部位				
	上	下	左	右	中
46	211.96	222.55	216.92	265.37	248.46
47	251.67	276.08	271.51	272.03	261.53
48	286.80	269.13	261.46	255.97	289.46
49	235.32	230.70	221.79	252.64	241.54

表 4 - 14 为大弹涂鱼幼鱼角膜不同区域上皮细胞的微嵴宽度,最大值出现在 68 号标本的上侧,为 310.90nm。角膜上皮细胞的微嵴宽度平均值为 266.09nm,标准差为 23.32。

表 4 - 14　大弹涂鱼幼鱼角膜不同区域上皮细胞的微嵴宽度统计表　　　　　单位:nm

标本号	观察部位				
	上	下	左	右	中
56	253.10	227.70	243.50	267.50	230.20
57	223.00	208.79	229.00	245.60	260.10
67	258.30	289.80	298.00	269.50	291.60
68	310.90	270.40	276.30	279.20	284.90
69	279.30	279.10	275.60	287.50	278.90
70	269.60	252.80	261.20	252.00	274.10

六、大鳍弹涂鱼角膜上皮细胞微嵴宽度

表 4 - 15 为大鳍弹涂鱼成鱼角膜不同区域上皮细胞的微嵴宽度,最大值出现在 33 号标本的左侧,为 244.40nm。角膜上皮细胞的微嵴宽度平均值为 209.93nm,标准差为 20.29。

表 4 - 15　大鳍弹涂鱼成鱼角膜不同区域上皮细胞的微嵴宽度统计表　　　　　单位:nm

标本号	观察部位				
	上	下	左	右	中
18	235.10	221.40	231.60	229.00	232.20
20	210.40	182.00	218.96	215.90	214.30
30	171.00	195.00	210.50	207.86	196.30
33	199.70	243.00	244.40	219.79	231.70
38	190.10	190.20	182.00	193.90	190.20
54	218.80	206.90	212.50	204.40	207.70

表4-16为大鳍弹涂鱼幼鱼角膜不同区域上皮细胞的微嵴宽度,最大值出现在59号标本的右侧,为375.50nm。角膜上皮细胞的微嵴宽度平均值为248.70nm,标准差为35.29。

表4-16 大鳍弹涂鱼幼鱼角膜不同区域上皮细胞的微嵴宽度统计表　　单位:nm

标本号	观察部位				
	上	下	左	右	中
58	228.30	204.70	231.70	210.60	222.90
59	319.70	260.30	313.20	375.50	232.30
64	216.50	244.20	245.10	257.50	247.60
65	231.90	220.20	283.70	233.40	217.50
72	285.20	264.40	272.10	258.20	260.30
79	242.80	213.70	235.10	226.10	206.40

第六节　角膜上皮细胞微嵴间距

一、斑叉牙虾虎鱼角膜上皮细胞微嵴间距

表4-17为斑叉牙虾虎鱼角膜不同区域上皮细胞的微嵴间距宽度,最大值出现在左侧,为296.67 nm。角膜上皮细胞的微嵴间距宽度平均值为251.12nm。

表4-17 斑叉牙虾虎鱼角膜不同区域上皮细胞的微嵴间距宽度统计表　　单位:nm

标本号	观察部位				
	上	下	左	右	中
77	267.51	196.13	296.67	260.13	235.16

二、长身拟平牙虾虎鱼角膜上皮细胞微嵴间距

表4-18为长身拟平牙虾虎鱼角膜不同区域上皮细胞的微嵴间距宽度,最大值出现在60号标本的上侧,为404.88nm。角膜上皮细胞的微嵴间距宽度平均值为279.03 nm,标准差为44.58。

表4-18　长身拟平牙虾虎鱼角膜不同区域上皮细胞的微嵴间距宽度统计表　　　　单位:nm

标本号	观察部位				
	上	下	左	右	中
51	346.25	296.74	338.04	295.12	258.08
52	235.42	195.39	213.81	219.28	261.64
60	404.88	228.48	277.12	269.19	279.79
75	303.68	239.87	357.77	289.97	270.05

三、犬齿背眼虾虎鱼角膜上皮细胞微嵴间距

表4-19为犬齿背眼虾虎鱼角膜不同区域上皮细胞的微嵴间距宽度,最大值出现在17号标本的中部,为333.41nm。角膜上皮细胞的微嵴间距宽度平均值为258.11nm,标准差为33.11。

表4-19　犬齿背眼虾虎鱼角膜不同区域上皮细胞的微嵴间距宽度统计表　　　　单位:nm

标本号	观察部位				
	上	下	左	右	中
9	246.09	238.42	243.68	216.40	235.14
13	269.54	221.31	222.65	221.11	274.55
14	271.17	279.73	263.97	295.93	276.55
15	276.87	211.17	178.16	305.21	248.19
17	276.49	268.43	290.00	288.60	333.41

四、青弹涂鱼角膜上皮细胞微嵴间距

表4-20为青弹涂鱼角膜不同区域上皮细胞的微嵴间距宽度,最大值出现在27号标本的下侧,为337.57nm。角膜上皮细胞的微嵴间距宽度平均值为261.53nm,标准差为46.15。

表4-20　青弹涂鱼角膜不同区域上皮细胞的微嵴间距宽度统计表　　　　单位:nm

标本号	观察部位				
	上	下	左	右	中
21	265.03	258.08	264.14	318.46	324.83
25	263.62	278.33	267.87	319.31	275.55
27	279.84	337.57	278.99	329.88	288.29
28	213.35	186.19	174.88	215.03	169.92
29	228.27	248.58	236.46	271.66	244.14

五、大弹涂鱼角膜上皮细胞微嵴间距

表 4 - 21 为大弹涂鱼成鱼角膜不同区域上皮细胞的微嵴间距宽度,最大值出现在 48 号标本的上侧,为 568.10nm。角膜上皮细胞的微嵴间距宽度平均值为 298.99nm,标准差为 85.46。

表 4 - 21　大弹涂鱼成鱼角膜不同区域上皮细胞的微嵴间距宽度统计表　　　　　单位:nm

标本号	观察部位				
	上	下	左	右	中
43	449.30	454.70	335.30	357.70	364.70
44	508.40	271.50	336.80	272.50	337.50
45	330.70	179.10	227.40	248.30	281.30
46	247.30	312.20	216.90	215.80	269.90
47	180.20	277.50	231.00	207.90	231.80
48	568.10	368.40	371.60	358.50	327.00
49	248.60	224.80	214.20	208.00	229.90

表 4 - 22 为大弹涂鱼幼鱼角膜不同区域上皮细胞的微嵴间距宽度,最大值出现在 57 号标本的左侧,为 431.10nm。角膜上皮细胞的微嵴间距宽度平均值为 323.18nm,标准差为 50.94。

表 4 - 22　大弹涂鱼幼鱼角膜不同区域上皮细胞的微嵴间距宽度统计表　　　　　单位:nm

标本号	观察部位				
	上	下	左	右	中
56	214.90	341.40	321.10	300.10	322.50
57	342.80	349.86	431.10	351.50	407.70
67	401.00	365.10	372.80	376.70	390.80
68	299.10	308.90	284.40	318.60	310.20
69	254.30	262.50	373.70	282.00	249.50
70	290.30	288.30	309.10	294.90	317.00

六、大鳍弹涂鱼角膜上皮细胞微嵴间距

表 4 - 23 为大鳍弹涂鱼成鱼角膜不同区域上皮细胞的微嵴间距宽度,最大值出现在 33 号标本的上侧,为 320.90nm。角膜上皮细胞的微嵴间距宽度平均值为 226.49nm,标准差为 40.23。

表 4-23　大鳍弹涂鱼成鱼角膜不同区域上皮细胞的微嵴间距宽度统计表　　　　单位:nm

标本号	观察部位				
	上	下	左	右	中
18	250.70	216.80	225.60	228.90	251.90
20	204.90	243.20	236.75	257.70	244.00
30	226.00	246.00	207.10	228.76	265.50
33	320.90	263.80	250.80	247.65	251.20
38	222.90	231.80	242.20	229.00	246.50
54	155.70	153.80	136.10	181.80	178.80

　　表 4-24 为大鳍弹涂鱼幼鱼角膜不同区域上皮细胞的微嵴间距宽度,最大值出现在 59 号标本的下侧,为 398.30nm。角膜上皮细胞的微嵴间距宽度平均值为 286.89nm,标准差为 58.15。

表 4-24　大鳍弹涂鱼幼鱼角膜不同区域上皮细胞的微嵴间距宽度统计表　　　　单位:nm

标本号	观察部位				
	上	下	左	右	中
58	274.20	300.10	339.50	272.50	298.50
59	269.40	398.30	383.10	398.00	366.40
64	219.00	260.10	205.00	250.10	267.60
65	215.00	197.50	256.10	272.00	224.20
72	337.00	297.00	358.00	286.50	296.00
79	314.20	257.10	231.00	262.00	301.20

第五章　讨论与分析

第一节　背眼虾虎鱼亚科鱼类眼球角膜的
细胞特点的对比及差异

一、背眼虾虎鱼亚科鱼类角膜微结构与上皮细胞类型的对比分析

背眼虾虎鱼亚科鱼类角膜上皮细胞各具特点,有着不同的细胞类型和微结构。根据早期的研究,微绒毛的主要功能是使细胞的表面积增加,从而有助于吸收氧气和其他营养物质进入细胞,此外,还能够协助水分的运输和营养物质的代谢,它对陆生脊椎动物在空气中保持泪膜的固有形态和清晰的视觉非常重要,澳洲肺鱼(Neoceratodus forsteri)的情况除外。微嵴对于增加细胞膜表面积是效率最低的一种微结构,它通常出现在高渗透压的环境(主要是海洋)。微褶被认为是微绒毛和微嵴之间的一种中间形式,它起到支持细胞形态与增加角膜表层渗透交换的作用。这两种微结构(微嵴和微褶)都需要有黏液分泌物的持续保护,以避免水分蒸发后结构遭破坏。微洞的挤压使黏液得以分泌到角膜表面。接下来我们对这些微结构的功能以及与生境的相关性进行分析研究。

(一)成鱼与幼鱼角膜微结构与上皮细胞类型的对比分析

从表5-1可以看出,大弹涂鱼和大鳍弹涂鱼的幼鱼和成鱼中都存在微绒毛。本研究发现的大弹涂鱼和大鳍弹涂鱼的这一特点与Collin等(2006)对微绒毛功能的解释是一致的,这种结构使得其细胞的表面积增加,有助于吸收氧气、运输和代谢营养物质。大弹涂鱼和大鳍弹涂鱼的眼睛经常暴露在空气中,拥有微绒毛是它们适应于两栖生活和陆生环境的表现。

如表5-1所示,微嵴、微褶、微洞和微绒毛这4个微结构均出现在大弹涂鱼和大鳍弹涂鱼的幼鱼和成鱼中。结合之前的研究发现,这两个物种的幼鱼生活在河口或海边,成鱼向陆地发展,经常出没于浅滩或有树林的陆地区域,能在空气中暴露较长时间。

然而,它们的细胞类型是不同的。这两个种的幼鱼没有网状细胞和混合型细胞(微嵴和网状混合)。仅在大弹涂鱼成鱼中观察到了混合型细胞。网状细胞主要由微褶和微洞的结构组成,具有非常重要的作用:分泌黏液和泪液。这个重要的功能使得视网膜能够呈现一个清晰的图像,并减少水分蒸发。这些功能对于物种从水生向陆地生活进化是至关重要的,因为摄食、防御、求偶等行为都对视力有了更高的要求。大弹涂鱼和大鳍弹涂鱼的幼鱼大多生活在河口,不在陆地或两栖地带生活,据此推

测,其幼年时期相应的网状细胞还未分化出现。幼鱼与成鱼角膜上皮细胞类型上的差异与其相对应的生境、生活方式都具有很高的一致性,与背眼虾虎鱼亚科鱼类从水生进化到两栖陆生的过程也有很高的相似性,这在某种程度上也是生物个体发育简短而迅速地重演系统演化过程的一个体现。

表 5-1　大弹涂鱼和大鳍弹涂鱼角膜上皮细胞微结构比较表

微结构种类	大弹涂鱼		大鳍弹涂鱼	
	成鱼	幼鱼	成鱼	幼鱼
微嵴	*	*	*	*
微褶	*	*	*	*
微洞	*	*	*	*
微绒毛	*	*	*	*
微嵴型细胞	*	—	*	*
微褶型细胞	*	*	*	*
网状细胞	*	—	*	—
混合型细胞	*	—	—	—

注:* 为存在;—为不存在。

(二)背眼虾虎鱼亚科6种鱼类角膜微结构与上皮细胞类型的对比分析

从表5-2可以看出,背眼虾虎鱼亚科6种鱼类中都存在微嵴结构。微嵴结构通常出现在海洋(咸水)物种中,本书所选的6个物种均可在海水中生活,与这种结构出现的环境是对应的。微褶作为一种过渡型结构在犬齿背眼虾虎鱼、青弹涂鱼、大弹涂鱼和大鳍弹涂鱼中出现。微洞在长身拟平牙虾虎鱼、犬齿背眼虾虎鱼、大弹涂鱼和大鳍弹涂鱼中出现,这可能意味着这几个种类的眼睛分泌物较多,或者它们的眼睛经常暴露在空气中。微绒毛出现在拟平牙虾虎鱼、犬齿背眼虾虎鱼、青弹涂鱼、大弹涂鱼和大鳍弹涂鱼的角膜上皮细胞中,拥有微绒毛可能是它们相对更适应于两栖生活和陆生环境的表现。

然而,它们的细胞类型是不同的。斑叉牙虾虎鱼、长身拟平牙虾虎鱼、青弹涂鱼、大弹涂鱼中均出现微嵴型细胞,这是增加细胞膜表面积效率最低的一种微结构,与海洋物种中微嵴型细胞最为常见的规律是相符合的。然而,在犬齿背眼虾虎鱼中并未观察到微嵴型细胞,这一点值得进一步深入研究。微褶型细胞出现在犬齿背眼虾虎鱼、大弹涂鱼和大鳍弹涂鱼中。这种细胞类型应当与这几个物种的两栖生活有密切关系。网状细胞在大弹涂鱼和大鳍弹涂鱼中出现,网状细胞的分泌功能较强,这两个物种的角膜分泌物很可能更多,与它们经常将眼睛暴露在空气中的行为更为适应,这也是它们更加陆地化的表现。最特殊的一点是微嵴和网状混合型细胞仅在大弹涂鱼的成鱼中发现,这种混合型细胞除了可能与渗透率、分泌黏液或者物质交换有关以外,还有没有其他的特殊功能,有待进一步的研究。

相比之下,斑叉牙虾虎鱼和长身拟平牙虾虎鱼具有的微结构和细胞类型最少,并且只具有了明显海洋生物种的结构,因此判断它们更合适于海洋生活。大弹涂鱼和大鳍弹涂鱼拥有最多的微结构和细胞类型,它们的结构为其提供了更多的功能,使它们能在水陆过渡区域适应两栖生活。这很可能从侧面说明了大弹涂鱼和大鳍弹涂鱼主要栖息在陆地,相对较少进入海水中生活,其眼睛暴露在空气中的时间更长。长身拟平牙虾虎鱼、犬齿背眼虾虎鱼和青弹涂鱼的微结构和细胞类型介于斑叉牙虾虎鱼和大弹涂鱼之间,这很可能说明它们属于中间类型,为相对水生的两栖生活。

表 5-2　6 种背眼虾虎鱼亚科鱼类的角膜上皮细胞微结构比较表

微结构种类	斑叉牙虾虎鱼	长身拟平牙虾虎鱼	犬齿背眼虾虎鱼	青弹涂鱼	大弹涂鱼	大鳍弹涂鱼
微嵴	*	*	*	*	*	*
微褶	—	*	*	*	*	*
微洞	—	*	*	—	*	*
微绒毛	—	*	*	*	*	*
微嵴型细胞	*	*	—	*	*	*
微褶型细胞	—	—	*	—	*	*
网状细胞	—	—	—	—	*	*
混合型细胞	—	—	—	—	*	—

注:* 为存在;—为不存在。

二、角膜上皮细胞密度分布趋势分析

(一)斑叉牙虾虎鱼

如图 5-1 所示,斑叉牙虾虎鱼的角膜上皮不同部位细胞平均密度发生变化。其中右侧的细胞密度最大,上侧的细胞密度次之,下侧和中部的细胞密度最小。

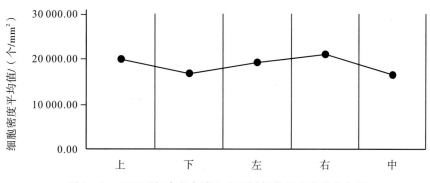

图 5-1　斑叉牙虾虎鱼角膜上皮不同部位细胞密度分布图

(二)长身拟平牙虾虎鱼

如图 5-2 所示,长身拟平牙虾虎鱼的角膜上皮不同部位细胞平均密度发生变化。其中左侧的细胞密度最大,上侧的细胞密度次之,中部的细胞密度最小,其角膜上皮各部位的细胞密度分布趋势总体看来与斑叉牙虾虎鱼相似。

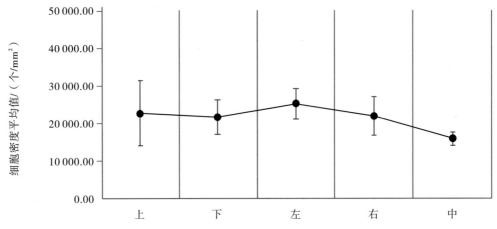

图 5-2　长身拟平牙虾虎鱼角膜上皮不同部位细胞密度分布图

(三)犬齿背眼虾虎鱼

如图 5-3 所示,犬齿背眼虾虎鱼的角膜上皮不同部位细胞平均密度变化不大。其中上侧、下侧和中部的细胞密度最大,右侧的细胞密度最小,总体看来其角膜上皮各部位的细胞密度分布趋势与斑叉牙虾虎鱼和长身拟平牙虾虎鱼并不相似。

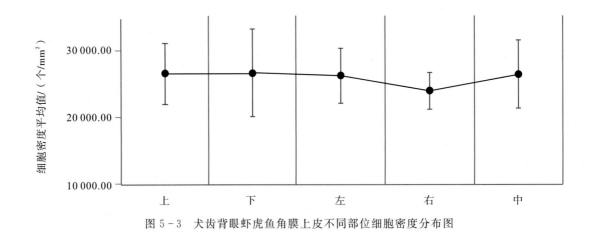

图 5-3　犬齿背眼虾虎鱼角膜上皮不同部位细胞密度分布图

(四)青弹涂鱼

如图 5-4 所示,青弹涂鱼的角膜上皮不同部位细胞平均密度变化较小。其中上侧的细胞密度最大,左侧次之,下侧和右侧的细胞密度最小,总体看来其角膜上皮各部位的细胞密度分布趋势与斑叉

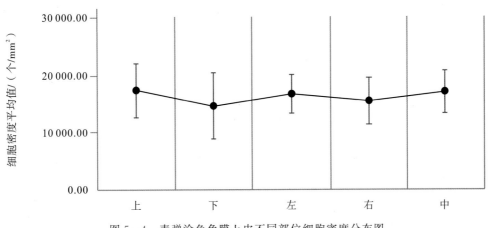

图 5-4 青弹涂鱼角膜上皮不同部位细胞密度分布图

牙虾虎鱼、长身拟平牙虾虎鱼和犬齿背眼虾虎鱼均不相似。

(五)大弹涂鱼

如图 5-5 所示,大弹涂鱼成鱼和幼鱼的角膜上皮不同部位细胞平均密度发生变化。其中成鱼的细胞密度最大值出现在左侧,下侧细胞密度次之;幼鱼的细胞密度最大值出现在下侧,左侧细胞密度次之。总体看来成鱼和幼鱼其角膜上皮各部位的细胞密度分布趋势一致,但与斑叉牙虾虎鱼、长身拟平牙虾虎鱼、犬齿背眼虾虎鱼和青弹涂鱼相比,其趋势均不相似。从数值上看,幼鱼在各个部位的角膜上皮细胞密度均比成鱼更高,这种情况类似于人类胎儿或年龄小于 3 岁的儿童,其角膜上皮细胞具有有丝分裂的能力,细胞密度较大,而 3 岁以后就丧失了这种分裂能力,弹涂鱼的角膜上皮细胞也很可能存在类似的发育阶段。其次角膜上皮细胞密度与渗透压密切相关,幼鱼在海水中生活,其角膜上皮细胞密度大很可能与适应高盐度的环境有关。

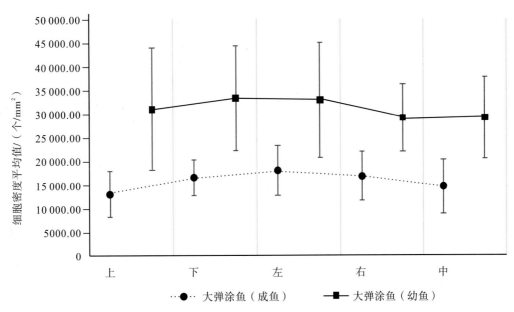

图 5-5 大弹涂鱼角膜上皮不同部位细胞密度分布图

（六）大鳍弹涂鱼

如图 5－6 所示，大鳍弹涂鱼成鱼和幼鱼的角膜上皮不同部位细胞平均密度发生变化。其中成鱼的细胞密度最大值出现在左侧，下侧细胞密度次之；幼鱼的细胞密度最大值出现在右侧。总体看来成鱼和幼鱼其角膜上皮各部位的细胞密度分布趋势并不一致，幼鱼的细胞密度在各个部位变化不大，数值相近；成鱼的角膜上皮细胞分布趋势与大弹涂鱼相似，但与斑叉牙虾虎鱼、长身拟平牙虾虎鱼、犬齿背眼虾虎鱼和青弹涂鱼相比，其趋势均不相似。这有可能代表了大鳍弹涂鱼幼鱼与成鱼的视觉差异较大，与它们对各自生境的视觉适应相对应，发育过程中幼鱼的角膜上皮细胞分化程度可能比较高，从数值上看，幼鱼在上侧和中部的角膜上皮细胞密度比成鱼的更高。其次角膜上皮细胞密度与渗透压密切相关，幼鱼在海水中生活，其角膜上皮细胞密度大很可能与高盐度的环境有关。

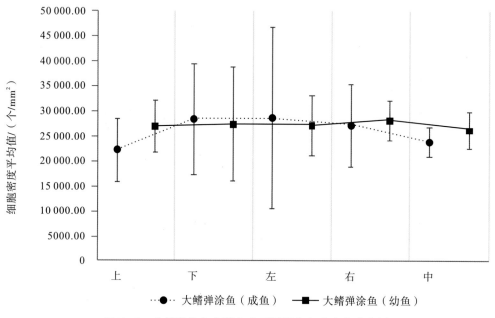

图 5－6　大鳍弹涂鱼角膜上皮不同部位细胞密度分布图

（七）背眼虾虎鱼亚科鱼类 6 个种的角膜上皮细胞密度对比分析

如图 5－7 所示，青弹涂鱼和大弹涂鱼的细胞密度是最低的，在各个部位的细胞密度都很低；相反地，犬齿背眼虾虎鱼和大鳍弹涂鱼的细胞密度在各个部位都比较高。角膜上皮细胞平均密度为大弹涂鱼＜青弹涂鱼＜斑叉牙虾虎鱼＜长身拟平牙虾虎鱼＜犬齿背眼虾虎鱼＜大鳍弹涂鱼。这种情况与我们所认识的这 6 种背眼虾虎鱼的生境从水生到陆生的排序并不符合。

表 5－3 显示了背眼虾虎鱼亚科 6 种鱼类的角膜上皮细胞密度不同部位之间的线性相关分析结果，仅有大弹涂鱼-大鳍弹涂鱼的角膜上皮细胞密度分布趋势类似，相关系数为 0.964，大鳍弹涂鱼-青弹涂鱼的相关系数为－0.722，大鳍弹涂鱼-斑叉牙虾虎鱼的相关系数为－0.731，基本呈负相关，说明其分布趋势基本相反。

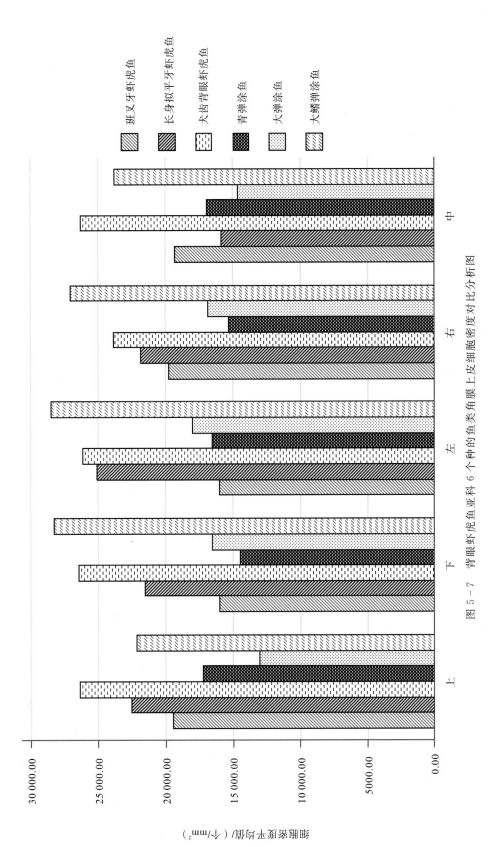

图 5 - 7　背眼虾虎鱼亚科 6 个种的鱼类角膜上皮细胞密度对比分析图

表 5-3　背眼虾虎鱼亚科 6 种鱼类的角膜上皮细胞密度不同部位线性相关分析表

密度相关系数	斑叉牙虾虎鱼	长身拟平牙虾虎鱼	犬齿背眼虾虎鱼	青弹涂鱼	大弹涂鱼	大鳍弹涂鱼
斑叉牙虾虎鱼	1.000					
长身拟平牙虾虎鱼	−0.468	1.000				
犬齿背眼虾虎鱼	−0.467aa	−0.104	1.000			
青弹涂鱼	−0.407	−0.142a	0.318aa	1.000		
大弹涂鱼	−0.631	0.456a	−0.345aa	−0.555	1.000	
大鳍弹涂鱼	−0.731a	0.473a	−0.249	−0.722aa	0.964aa	1.000

注:以上线性相关分析结果 P 值(显著性)均大于 0.05 时不作标记,表示差异不显著;小于 0.05 时以 a 表示,表示差异显著;小于 0.01 时以 aa 表示,表示差异极显著。

三、角膜上皮细胞微嵴宽度变化趋势分析

(一)斑叉牙虾虎鱼

如图 5-8 所示,斑叉牙虾虎鱼的角膜上皮不同部位细胞微嵴宽度发生变化。其中下侧的微嵴宽度最大,左侧的微嵴宽度次之,上侧的微嵴宽度最小。

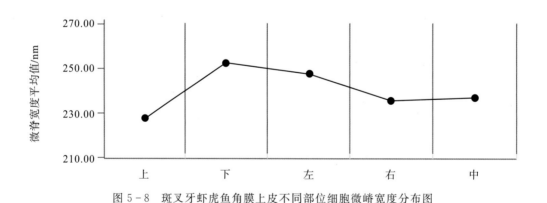

图 5-8　斑叉牙虾虎鱼角膜上皮不同部位细胞微嵴宽度分布图

(二)长身拟平牙虾虎鱼

如图 5-9 所示,长身拟平牙虾虎鱼的角膜上皮不同部位细胞微嵴宽度变化不大。其中上侧的微嵴宽度最大,剩余的下侧、左侧、右侧和中部的微嵴宽度都比较接近,偏小,总体看来其角膜上皮各部位的细胞微嵴宽度分布趋势与斑叉牙虾虎鱼不一致。

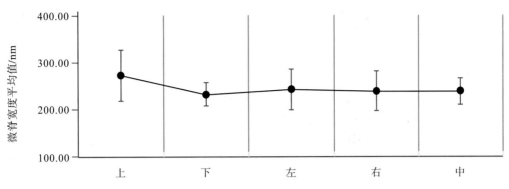

图 5-9 长身拟平牙虾虎鱼角膜上皮不同部位细胞微嵴宽度分布图

(三)犬齿背眼虾虎鱼

如图 5-10 所示,犬齿背眼虾虎鱼的角膜上皮不同部位细胞微嵴宽度变化也不大。上侧、左侧和中部的微嵴宽度较相近,较大,右侧的微嵴宽度最小,总体看来其角膜上皮各部位的细胞微嵴宽度分布趋势与斑叉牙虾虎鱼和长身拟平牙虾虎鱼均不一致。

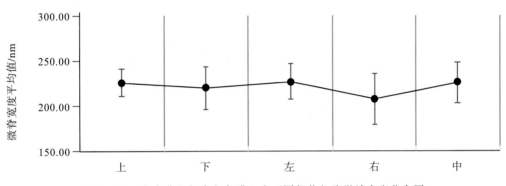

图 5-10 犬齿背眼虾虎鱼角膜上皮不同部位细胞微嵴宽度分布图

(四)青弹涂鱼

如图 5-11 所示,青弹涂鱼的角膜上皮不同部位细胞微嵴宽度发生变化。其中中部和右侧的微嵴宽度最大,上侧和左侧的微嵴宽度最小,总体看来其角膜上皮各部位的细胞微嵴宽度分布趋势与犬齿背眼虾虎鱼、斑叉牙虾虎鱼、长身拟平牙虾虎鱼均不同。

(五)大弹涂鱼

如图 5-12 所示,大弹涂鱼成鱼和幼鱼的角膜上皮不同部位细胞平均微嵴宽度发生变化。其中成鱼的微嵴最大宽度出现在上侧,右侧和中部的微嵴宽度值次之,幼鱼的细胞微嵴宽度变化较小,仅中间位置的微嵴宽度稍大。总体看来成鱼和幼鱼其角膜上皮各部位的微嵴宽度分布趋势并不一致,与斑叉牙虾虎鱼、长身拟平牙虾虎鱼、犬齿背眼虾虎鱼和青弹涂鱼相比,其趋势均不相似。从数值上看,幼鱼在各个部位的角膜上皮细胞微嵴宽度均比成鱼更大。

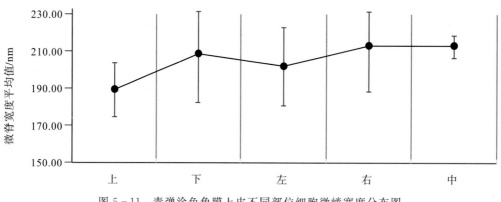

图 5-11　青弹涂鱼角膜上皮不同部位细胞微嵴宽度分布图

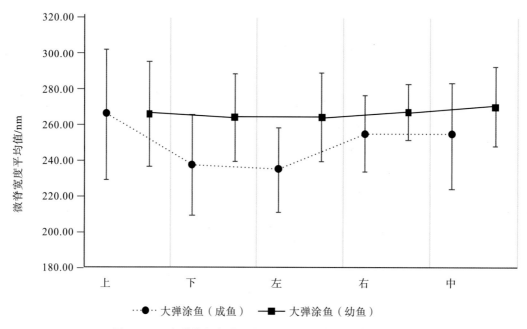

······●······大弹涂鱼(成鱼)　──■──大弹涂鱼(幼鱼)

图 5-12　大弹涂鱼角膜上皮不同部位细胞微嵴宽度分布图

（六）大鳍弹涂鱼

如图 5-13 所示,大鳍弹涂鱼成鱼和幼鱼的角膜上皮不同部位细胞微嵴宽度发生变化。其中成鱼的微嵴最大宽度出现在左侧,不同位置的微嵴宽度变化不大;幼鱼的微嵴最大宽度也出现在左侧,右侧次之,下侧和中部的微嵴宽度最小。总体看来成鱼和幼鱼角膜上皮各部位的微嵴宽度分布趋势并不一致,与斑叉牙虾虎鱼、长身拟平牙虾虎鱼、犬齿背眼虾虎鱼和青弹涂鱼的分布趋势均不相似。从数值上看,幼鱼在各个部位的角膜上皮细胞微嵴宽度均比成鱼更大。

（七）背眼虾虎鱼亚科鱼类 6 个种的角膜上皮细胞微嵴宽度对比分析

如图 5-14 所示,斑叉牙虾虎鱼、长身拟平牙虾虎鱼和大弹涂鱼的角膜上皮细胞微嵴宽度都偏大,在各个部位的微嵴宽度都很大;相反地,犬齿背眼虾虎鱼、青弹涂鱼和大鳍弹涂鱼的微嵴宽度在各

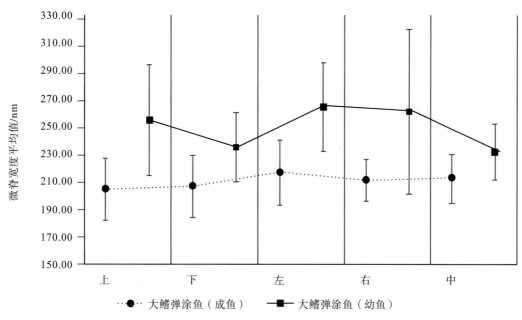

图 5-13 大鳍弹涂鱼角膜上皮不同部位细胞微嵴宽度分布图

个部位都比较小。角膜上皮细胞平均微嵴宽度为青弹涂鱼<大鳍弹涂鱼<犬齿背眼虾虎鱼<斑叉牙虾虎鱼<长身拟平牙虾虎鱼<大弹涂鱼。这种情况与我们所认识的这6种背眼虾虎鱼的生境从水生到陆生的排序并不相符合,与这6个种类的角膜上皮细胞密度不同部位之间的分布趋势差异也非常大。

表5-4显示了背眼虾虎鱼亚科6种鱼类的角膜上皮不同部位细胞微嵴宽度的线性相关分析结果,其中大弹涂鱼-斑叉牙虾虎鱼、青弹涂鱼-长身拟平牙虾虎鱼的角膜上皮细胞微嵴宽度分布趋势相反,相关系数分别为-0.969和-0.917;长身拟平牙虾虎鱼-斑叉牙虾虎鱼的角膜上皮细胞微嵴宽度分布趋势也基本相反,相关系数为-0.744;大弹涂鱼-长身拟平牙虾虎鱼的微嵴宽度分布趋势有部分一致性,相关系数为0.694。

表5-4 背眼虾虎鱼亚科6种鱼类的角膜上皮细胞不同部位微嵴宽度线性相关分析表

微嵴宽度的相关系数	斑叉牙虾虎鱼	长身拟平牙虾虎鱼	犬齿背眼虾虎鱼	青弹涂鱼	大弹涂鱼	大鳍弹涂鱼
斑叉牙虾虎鱼	1.000					
长身拟平牙虾虎鱼	-0.744a	1.000				
犬齿背眼虾虎鱼	0.069a	0.353a	1.000			
青弹涂鱼	0.420aa	-0.917a	-0.547	1.000		
大弹涂鱼	-0.969	0.694	-0.132a	-0.354aa	1.000	
大鳍弹涂鱼	0.346aa	-0.510	0.060a	0.429	-0.526aa	1.000

注:以上线性相关分析结果 P 值(显著性)均大于0.05时不作标记,表示差异不显著;小于0.05时以a表示,表示差异显著;小于0.01时以aa表示,表示差异极显著。

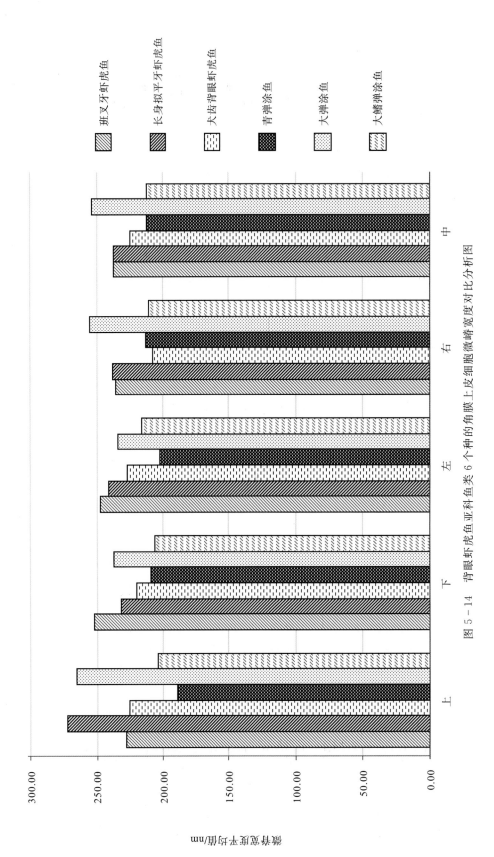

图 5 - 14　背眼虾虎鱼亚科鱼类 6 个种的角膜上皮细胞微嵴宽度对比分析图

四、角膜上皮细胞微嵴间距宽度变化趋势分析

(一)斑叉牙虾虎鱼

如图 5-15 所示,斑叉牙虾虎鱼的角膜上皮不同部位细胞微嵴间距密度发生变化。其中左侧的微嵴间距宽度最大,上侧的微嵴间距宽度次之,下侧的微嵴间距宽度最小。

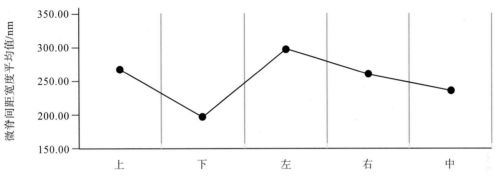

图 5-15 斑叉牙虾虎鱼角膜上皮不同部位细胞微嵴间距宽度分布图

(二)长身拟平牙虾虎鱼

如图 5-16 所示,长身拟平牙虾虎鱼的角膜上皮不同部位细胞微嵴间距宽度发生变化。其中上侧的微嵴间距宽度最大,左侧的微嵴间距宽度次之,下侧的微嵴间距宽度最小,总体看来其角膜上皮各部位的细胞微嵴间距宽度分布趋势与斑叉牙虾虎鱼相似。

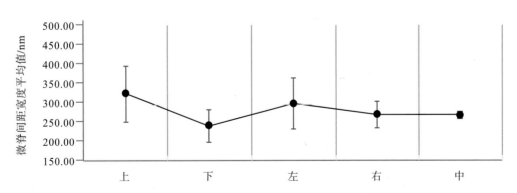

图 5-16 长身拟平牙虾虎鱼角膜上皮不同部位细胞微嵴间距宽度分布图

(三)犬齿背眼虾虎鱼

如图 5-17 所示,犬齿背眼虾虎鱼的角膜上皮不同部位细胞微嵴间距宽度变化较小。其中中部的微嵴间距宽度最大,右侧的微嵴间距宽度次之,左侧的微嵴间距宽度最小,总体看来其角膜上皮各部位的细胞微嵴间距宽度分布趋势与斑叉牙虾虎鱼、长身拟平牙虾虎鱼并不相似。

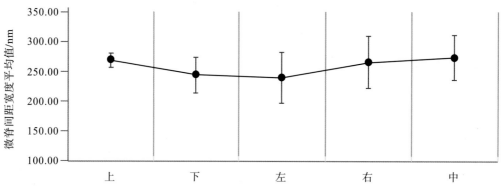

图 5-17　犬齿背眼虾虎鱼角膜上皮不同部位细胞微嵴间距宽度分布图

(四)青弹涂鱼

如图 5-18 所示,青弹涂鱼的角膜上皮不同部位细胞微嵴间距宽度发生变化。其中右侧的微嵴间距宽度最大,中部的微嵴间距宽度次之,左侧的微嵴间距宽度最小,总体看来其角膜上皮各部位的细胞微嵴间距宽度分布趋势与斑叉牙虾虎鱼、长身拟平牙虾虎鱼和犬齿背眼虾虎鱼均不相似。

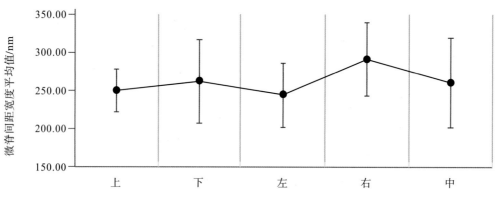

图 5-18　青弹涂鱼角膜上皮不同部位细胞微嵴间距宽度分布图

(五)大弹涂鱼

如图 5-19 所示,大弹涂鱼成鱼和幼鱼的角膜上皮不同部位细胞微嵴间距宽度发生变化。其中成鱼的平均微嵴间距最大宽度出现在上侧,下侧和中部的微嵴间距宽度次之,右侧的微嵴间距宽度最小;幼鱼的微嵴间距宽度左侧位置最大,中部的微嵴间距宽度次之,上侧的微嵴间距宽度最小。总体看来成鱼和幼鱼其角膜上皮各部位的微嵴间距宽度分布趋势基本相反,与斑叉牙虾虎鱼、长身拟平牙虾虎鱼、犬齿背眼虾虎鱼和青弹涂鱼的分布趋势均不相似。从数值上看,除角膜上皮上侧外,幼鱼在其他部位的微嵴间距宽度均比成鱼更大。

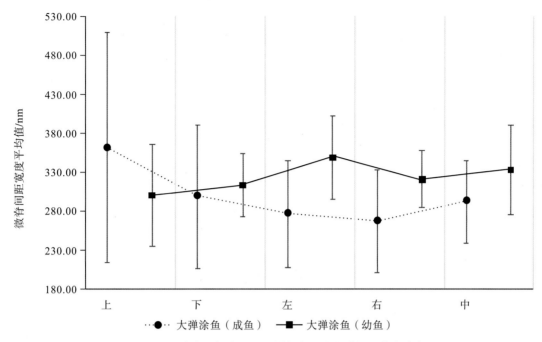

图 5-19 大弹涂鱼角膜上皮不同部位细胞微嵴间距宽度分布图

（六）大鳍弹涂鱼

如图 5-20 所示，大鳍弹涂鱼成鱼和幼鱼的角膜上皮不同部位细胞微嵴间距宽度发生变化。其中成鱼的微嵴间距最大宽度出现在中部，上侧的微嵴间距宽度次之，左侧的微嵴间距宽度最小；幼鱼的细胞微嵴间距宽度变化较小，仅左侧位置的微嵴间距宽度稍大。总体看来成鱼和幼鱼其角膜上皮各部位的细胞微嵴间距宽度分布趋势基本相反，与斑叉牙虾虎鱼、长身拟平牙虾虎鱼、犬齿背眼虾虎鱼和青弹涂鱼的分布趋势均不相似。从数值上看，幼鱼在各个部位的微嵴间距宽度均比成鱼更大。

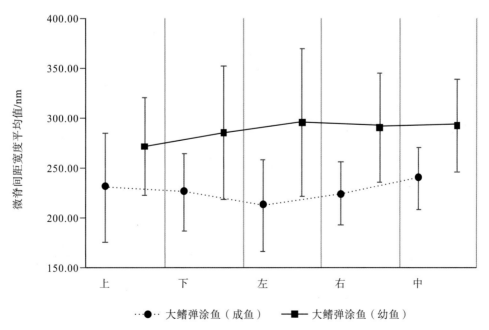

图 5-20 大鳍弹涂鱼角膜上皮不同部位细胞微嵴间距宽度分布图

(七)背眼虾虎鱼亚科鱼类6个种的角膜上皮细胞微嵴间距宽度对比分析

如图5-21所示,背眼虾虎鱼亚科6种鱼类角膜上皮细胞微嵴间距宽度在不同部位变化不一。角膜上皮细胞微嵴间距宽度为大鳍弹涂鱼<斑叉牙虾虎鱼<犬齿背眼虾虎鱼<青弹涂鱼<长身拟平牙虾虎鱼<大弹涂鱼。这种情况与我们所认识的这6种鱼类的生境从水生到陆生的排序并不相符,与这6个种类的角膜上皮细胞密度及微嵴间距宽度在不同区域之间的分布趋势差异也非常大。

表5-5显示了背眼虾虎鱼亚科6种鱼类的角膜上皮不同部位细胞微嵴间距宽度的线性相关分析结果,其中大鳍弹涂鱼-犬齿背眼虾虎鱼、斑叉牙虾虎鱼-长身拟平牙虾虎鱼的角膜上皮细胞微嵴间距宽度分布趋势有一定相似性,相关系数分别为0.815和0.788。

表5-5　背眼虾虎鱼亚科6种鱼类的角膜上皮细胞不同部位微嵴间距宽度线性相关分析表

微嵴间距宽度的相关系数	斑叉牙虾虎鱼	长身拟平牙虾虎鱼	犬齿背眼虾虎鱼	青弹涂鱼	大弹涂鱼	大鳍弹涂鱼
斑叉牙虾虎鱼	1.000					
长身拟平牙虾虎鱼	0.788	1.000				
犬齿背眼虾虎鱼	−0.031	0.210	1.000			
青弹涂鱼	−0.258	−0.492	0.362	1.000		
大弹涂鱼	−0.026	0.593	0.310	−0.474	1.000	
大鳍弹涂鱼	−0.522	−0.157a	0.815aa	0.173a	0.358a	1.000

注:以上线性相关分析结果 P 值(显著性)均大于0.05时不作标记,表示差异不显著;小于0.05时以 a 表示,表示差异显著;小于0.01时以 aa 表示,表示差异极显著。

五、背眼虾虎鱼亚科6种鱼类的微结构数据相关分析

表5-6为背眼虾虎鱼亚科6种鱼类的微结构数据平均值的相关分析结果,可以看出其相关性并不十分明显。密度平均值与微嵴间距宽度平均值的线性相关系数为−0.607,微嵴宽度平均值与微嵴间距宽度平均值的线性相关系数为−0.694,均呈负相关,相关性并不是很强,因此判断细胞密度、微嵴和微嵴间距3个特征之间并无明确的直接关联。

表5-6　背眼虾虎鱼亚科6种鱼类的微结构数据相关分析表

微结构—微结构	密度平均值—微嵴宽度平均值	密度平均值—微嵴间距宽度平均值	微嵴宽度平均值—微嵴间距宽度平均值
相关系数	−0.334aa	−0.607aa	−0.694aa

注:以上线性相关分析结果 P 值(显著性)均大于0.05时不作标记,表示差异不显著;小于0.05时以 a 表示,表示差异显著;小于0.01时以 aa 表示,表示差异极显著。

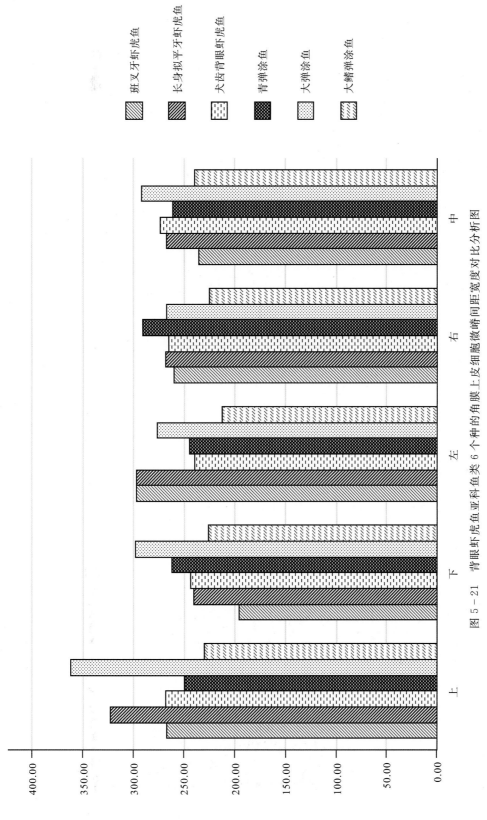

图 5 - 21　背眼虾虎鱼亚科鱼类 6 个种的角膜上皮细胞微嵴间距宽度对比分析图

第二节　背眼虾虎鱼亚科鱼类与其他鱼类、两栖类在角膜结构特点上的差异比较

Collin 等（2006）在 *Journal of Morphology* 上发表的 *The Corneal Epithelial Surface in The Eyes of Vertebrates：Environmental and Evolutionary Influences on Structure and Function* 文章中研究了 21 个物种的角膜和微结构等，本小节利用背眼虾虎鱼亚科鱼类的实验结果与 Collin 等（2006）的部分研究结果作对比分析，选取了该文章中布氏棘鲷（*Acanthopagrus butcheri*）、澳洲肺鱼（*Neoceratodus forsteri*）、墨西哥钝口螈（*Ambystoma mexicanum*）、非洲爪蟾（*Xenopus laevis*）、湾鳄（*Crocodilus porosus*）、华丽龙（*Ctenophorus ornatus*）6 个物种。这 6 个物种涵盖了从水生到两栖和爬行动物，且数据最为详实，对比这 6 种动物与本书所研究 6 种鱼类的角膜特点，寻找从水生到陆生适应性进化过程中背眼虾虎鱼亚科鱼类角膜的变化规律。

一、多物种细胞类型及细胞微结构对比分析

根据所分析 12 个物种生境从海洋到陆地的梯度顺序（表 5-7），由左往右排列，可以看出，比大弹涂鱼更水生的物种中都存在微嵴结构（除了澳洲肺鱼），它们都是完全在水域中生存的物种或者经常在海水中活动的物种。微褶作为一种过渡型结构在犬齿背眼虾虎鱼、青弹涂鱼、大弹涂鱼、大鳍弹涂鱼、墨西哥钝口螈、非洲爪蟾和华丽龙中出现。微洞则在澳洲肺鱼、长身拟平牙虾虎鱼、犬齿背眼虾虎鱼、大弹涂鱼、大鳍弹涂鱼、墨西哥钝口螈、非洲爪蟾和华丽龙中出现，这可能意味着这几个种类的眼睛分泌物较多，或者它们的眼睛经常暴露在空气中，从总体趋势来看两栖动物和爬行动物角膜中确实大量存在微洞结构。微绒毛出现在澳洲肺鱼、拟平牙虾虎鱼、犬齿背眼虾虎鱼、青弹涂鱼、大弹涂鱼、大鳍弹涂鱼、湾鳄和华丽龙的角膜上皮细胞中，这些物种相对而言更加陆生，微绒毛可能是进化过程中适应于两栖生活和陆生环境的表现。

表 5-7　不同物种与背眼虾虎鱼亚科鱼类的角膜上皮细胞微结构比较表

微结构种类和细胞类型	布氏棘鲷	澳洲肺鱼	斑叉牙虾虎鱼	长身拟平牙虾虎鱼	犬齿背眼虾虎鱼	青弹涂鱼	大弹涂鱼	大鳍弹涂鱼	墨西哥钝口螈	非洲爪蟾	湾鳄	华丽龙
微嵴	*	—	*	*	*	*	*	*	—	—	—	*
微褶	—	—	—	—	*	*	*	*	*	*	—	*
微洞	—	*	—	*	*	—	*	*	*	*	—	*
微绒毛	—	*	—	*	*	*	*	*	—	—	*	*
微嵴型细胞	*	—	—	—	—	—	—	—	—	—	—	—
微褶型细胞	—	—	—	—	*	—	—	—	—	*	—	—
网状细胞	—	—	—	—	—	—	*	*	—	—	—	—
混合型细胞	—	—	—	—	—	—	—	*	—	*	—	—

注：* 为存在；—为不存在；背眼虾虎鱼亚科 6 种鱼类以外的鱼类信息引自 Collin 等（2006）。

　　然而，细胞类型是不同的。布氏棘鲷、斑叉牙虾虎鱼、长身拟平牙虾虎鱼、青弹涂鱼、大弹涂鱼和华丽龙中均出现微嵴型细胞，其对于增加细胞膜表面积是效率最低的一种微结构，与海洋物种中微嵴型细胞最为常见的规律是相符合的。微褶型细胞出现在犬齿背眼虾虎鱼、大弹涂鱼、大鳍弹涂鱼、非洲爪蟾和华丽龙中。微褶增加了细胞表面积，提高了物质交换和渗透的效率，这种细胞类型应当与这几个物种的生活环境密切相关。网状细胞在大弹涂鱼、大鳍弹涂鱼和墨西哥钝口螈中出现，网状细胞的分泌功能较强，这 3 个物种的角膜分泌物很可能更多，与它们经常将眼睛暴露在空气中的行为更为适应，这也是它们更加陆地化的表现。微嵴和网状混合型细胞在大弹涂鱼成鱼和墨西哥钝口螈中被观察到，这种混合型细胞从表面观察是杂合的，它的表型可能与渗透率、分泌黏液或者物质交换有关。如果进一步地深入研究，很可能会发现这种混合型细胞其他的特殊功能。

　　相比之下，布氏棘鲷、斑叉牙虾虎鱼和长身拟平牙虾虎鱼具有的微结构和细胞类型最少，并且只具有了明显海洋生物种的结构，因此判断它们更合适于海洋生活。大弹涂鱼、大鳍弹涂鱼和华丽龙拥有最多的微结构和细胞类型，这些微结构为其提供了更多的功能，使它们能在水陆过渡区域适应两栖生活。

二、多物种细胞密度对比分析

　　本书研究的 6 种鱼类的角膜上皮细胞密度变化区间为 15 827.57～25 953.91 个/mm^2。本书所选取 Collin 等（2006）研究中的 6 个物种的角膜上皮细胞密度变化区间为 2283～7843 个/mm^2，背眼虾虎鱼亚科鱼类角膜值明显更高。

三、多物种细胞微嵴宽度对比分析

　　本书研究的 6 种鱼类的角膜上皮细胞微嵴宽度变化区间为 205.14～249.08nm。本书所选取 Collin 等（2006）研究中的 4 个物种（澳洲肺鱼和湾鳄没有角膜上皮细胞微嵴宽度数据）的角膜上皮细胞微嵴宽度变化区间为 100～161nm，背眼虾虎鱼亚科鱼类角膜上皮细胞微嵴宽度明显更宽。

四、多物种细胞微嵴间距宽度对比分析

　　本书研究的 6 种鱼类的角膜上皮细胞微嵴间距宽度变化区间为 226.49～298.99nm，与最近有关角膜上皮细胞微嵴间距宽度的研究对比，Simmich 等（2012）关于四眼鱼（*Anableps anableps*）的研究得出四眼鱼角膜上皮细胞微嵴间距宽度约为 368nm，Collin 等（2006）的研究中发现窄额钝（*Torquigener pleurogramma*）的角膜上皮细胞微嵴间距宽度约为 170nm。角膜上皮细胞的微嵴间距宽度很可能与角膜的功能有一定的关系，还有待进一步的研究。

第三节　背眼虾虎鱼亚科鱼类角膜特点与其生态类型的关系

根据前文可知,斑叉牙虾虎鱼和长身拟平牙虾虎鱼主要生活在小溪和河口的浅水域中,犬齿背眼虾虎鱼和青弹涂鱼栖息在潮间带红树林区域,大弹涂鱼和大鳍弹涂鱼主要生活在潮湿的泥滩和洞穴中。根据上文描述的各物种角膜上皮细胞微结构及细胞类型的情况,统计汇总如表5-8所示。

表5-8　背眼虾虎鱼亚科鱼类的角膜上皮细胞微结构、细胞类型与栖息地环境关系表

微结构种类和细胞类型	小溪、水体	潮间带	泥滩、洞穴
微嵴	*	*	*
微褶	—	*	*
微洞	*	*	*
微绒毛	—	*	*
微嵴型细胞	*	*	*
微褶型细胞	—	*	*
网状细胞	—	—	*
混合型细胞	—	—	*

注:＊为存在;—为不存在。

第四节　小　结

(1)大弹涂鱼和大鳍弹涂鱼的幼鱼角膜上皮细胞密度比成鱼的数值更大,4种微结构它们全都具有,大弹涂鱼成鱼中观察到网状细胞和混合型细胞,大鳍弹涂鱼成鱼中有网状细胞,成鱼有适应两栖生活的视觉结构。大弹涂鱼和大鳍弹涂鱼的幼鱼角膜上皮细胞微嵴宽度和微嵴间距宽度的数值也均比成鱼的数值更大。

(2)背眼虾虎鱼亚科6种鱼类中都存在微嵴结构。微褶作为一种过渡型结构在犬齿背眼虾虎鱼、青弹涂鱼、大弹涂鱼和大鳍弹涂鱼中出现。微洞在长身拟平牙虾虎鱼、犬齿背眼虾虎鱼、大弹涂鱼和大鳍弹涂鱼中出现。微绒毛出现在拟平牙虾虎鱼、犬齿背眼虾虎鱼、青弹涂鱼、大弹涂鱼和大鳍弹涂鱼的角膜上皮细胞中。斑叉牙虾虎鱼、长身拟平牙虾虎鱼、青弹涂鱼、大弹涂鱼和大鳍弹涂鱼中均出现微嵴型细胞。微褶型细胞出现在犬齿背眼虾虎鱼、大弹涂鱼和大鳍弹涂鱼中。网状细胞在大弹涂鱼和大鳍弹涂鱼中出现。最特殊的一点是观察到微嵴和网状混合型细胞仅在大弹涂鱼的成鱼中发现。

(3)背眼虾虎鱼亚科6种鱼类的角膜上皮细胞密度的取值范围为 M(平均值):15 827.57[SD(标准差):4 951.82]～M:25 953.91(SD:9 355.58)(个/mm^2),细胞密度平均值从小到大的排序为:大弹涂鱼＜青弹涂鱼＜斑叉牙虾虎鱼＜长身拟平牙虾虎鱼＜犬齿背眼虾虎鱼＜大鳍弹涂鱼。角膜上皮不

同部位之间平均细胞密度的线性相关分析结果表明,仅有大弹涂鱼-大鳍弹涂鱼的角膜上皮细胞密度分布趋势类似,相关系数为 0.964。

(4)背眼虾虎鱼亚科 6 种鱼类的角膜上皮细胞微嵴宽度的取值范围为 M:205.14(SD:18.53)~ M:249.08(SD:27.88)(nm),平均细胞微嵴宽度从小到大排序为:青弹涂鱼<大鳍弹涂鱼<犬齿背眼虾虎鱼<斑叉牙虾虎鱼<长身拟平牙虾虎鱼<大弹涂鱼。角膜上皮细胞微嵴宽度不同部位之间的线性相关分析结果表明,大弹涂鱼-斑叉牙虾虎鱼、青弹涂鱼-长身拟平牙虾虎鱼的角膜上皮细胞微嵴宽度分布趋势相反,相关系数分别为−0.969 和−0.917。

(5)背眼虾虎鱼亚科 6 种鱼类的角膜上皮细胞微嵴间距宽度的取值范围为 M:226.49(SD:40.23)~M:298.99(SD:85.46)(nm),平均细胞微嵴间距宽度从小到大排序为:大鳍弹涂鱼<斑叉牙虾虎鱼<犬齿背眼虾虎鱼<青弹涂鱼<长身拟平牙虾虎鱼<大弹涂鱼。角膜上皮细胞微嵴间距宽度不同部位之间的线性相关分析结果表明,大鳍弹涂鱼-犬齿背眼虾虎鱼、斑叉牙虾虎鱼-长身拟平牙虾虎鱼的角膜上皮细胞微嵴间距宽度分布趋势有一定相似性,相关系数分别为 0.815 和 0.788。

(6)背眼虾虎鱼亚科 6 种鱼类微结构数据平均值的相关分析结果表明上皮细胞密度、微嵴和微嵴间距 3 个特征之间并无明确的直接关联。

(7)6 种鱼类与 6 种其他动物的角膜上皮细胞密度、微嵴宽度、微嵴间距宽度数据的线性相关分析结果表明,相关性差,仅有微嵴宽度有一定的相关性,相关系数为 0.522 3。

(8)微嵴是大多数类型的背眼虾虎鱼亚科鱼类都具有的结构,微褶、微洞和微绒毛在生活于潮间带或泥滩、洞穴里的物种(比较两栖的物种)中更多见,水生的背眼虾虎鱼亚科鱼类中没有观察到微绒毛。微嵴型细胞则在水生的背眼虾虎鱼亚科鱼类中更常见,微褶型细胞则出现在潮间带和(或)泥滩、洞穴里生活的物种(比较两栖的物种)中,网状细胞和混合型细胞仅仅在泥滩、洞穴中生活的物种角膜上观察到。

第六章　总结与展望

第一节　总　结

几个世纪以来，生物适应性进化一直是生物学家钻研的热点领域之一。研究的对象从模式生物拓展到非模式生物，研究方法从简单的现象观察、生物特征描述发展到定量化实验技术，推动了生物适应性进化的研究。

生物学家对特殊环境适应性进化研究的热衷，促成了大量对生活在极地、荒漠、高原、草原、海洋等极端环境下动物的研究，发现其形态、生理、行为、生态等多方面发生许多特化，以适应特殊的环境。最为直观的化石记录主要从形态学方面提供动物适应性进化的直接证据，但是保存得不完善也不一定连续，给分析研究带来了困难，导致这方面的研究进展有限；形态学通过最直观的方法研究个体发育和系统发展过程中的变化规律，与生态学相结合，在形态生态的层面上研究解答生物适应性进化的过程。此外，随着测序技术的发展，DNA作为遗传物质被用来推测物种的系统发育关系，揭示适应特征的基因进化历史事件也是当今的研究热点之一。

本研究采用比较成熟的技术手段和分析方法，选取生活在潮间带，具有两栖特征的背眼虾虎鱼亚科鱼类作为研究对象，通过扫描电镜实验采集标本的角膜上皮细胞图片，多角度较全面地统计图片信息（包括上皮细胞密度、上皮细胞表面微结构、上皮细胞类型、微嵴宽度、微嵴间距宽度），并通过大量收集背眼虾虎鱼亚科的分布、生境、食性、繁殖等相关信息，总结相关6种鱼类的具体生活史情况和其生境信息。第五章首先详细对比分析了背眼虾虎鱼亚科6种鱼类的角膜上皮不同部位细胞密度、微结构种类、细胞类型、微嵴宽度、微嵴间距宽度的趋势和关系；其次，利用本书6种鱼类的信息和数据与其他相关研究中的水生物种和两栖、爬行物种作对照分析；再次，将本书所研究6种鱼类的角膜数据与其所在生境的信息对照分析，得出以下结果。

本书所描述的4种微结构在大弹涂鱼和大鳍弹涂鱼幼鱼中均观察到，网状细胞和混合型细胞在大弹涂鱼中同时出现，大鳍弹涂鱼中也观察到网状细胞，微嵴结构在本研究涉及的6种鱼类中均存在。背眼虾虎鱼亚科6种鱼类的角膜上皮细胞密度平均值排序为：大弹涂鱼＜青弹涂鱼＜斑叉牙虾虎鱼＜长身拟平牙虾虎鱼＜犬齿背眼虾虎鱼＜大鳍弹涂鱼；角膜上皮细胞微嵴宽度平均值排序为：青弹涂鱼＜大鳍弹涂鱼＜犬齿背眼虾虎鱼＜斑叉牙虾虎鱼＜长身拟平牙虾虎鱼＜大弹涂鱼＜；角膜上皮细胞微嵴间距宽度平均值排序为：大鳍弹涂鱼＜斑叉牙虾虎鱼＜犬齿背眼虾虎鱼＜青弹涂鱼＜长身拟平牙虾虎鱼＜大弹涂鱼。

第二节　展　望

在整个研究过程中，除了取得一些成果，也发现了很多问题和不足，例如，观察到微嵴和网状混合型细胞仅在大弹涂鱼的成鱼和墨西哥钝口螈中发现，这种混合型细胞除了可能与渗透率、分泌黏液或者物质交换有关以外，还有没有其他的特殊功能，以及角膜上皮细胞的微嵴间距宽度是否与角膜的功能有一定的关系，这些问题都有待于进一步的研究。此外，本书所研究的背眼虾虎鱼亚科 6 种鱼类的角膜上皮细胞密度平均值排序、微嵴宽度平均值排序、微嵴间距宽度平均值排序与其他类似已有的生理生态研究结果并不完全对应，例如，Zhang 等(2000,2003)针对背眼虾虎鱼亚科鱼类的皮肤呼吸结构差异特征，通过对氧的扩散距离和毛细血管密度的比较，得出背眼虾虎鱼亚科鱼类皮肤呼吸效率的递变顺序为：叉牙虾虎鱼属＜拟平牙虾虎鱼属和背眼虾虎鱼属＜青弹涂鱼属＜大弹涂鱼属＜齿弹涂鱼属和弹涂鱼属。这种不对应的情况，说明了角膜和皮肤特征在背眼虾虎鱼生态适应性方面有什么不一样的机制呢？此类问题有待深入地研究。

附　录

一、附图

（一）斑叉牙虾虎鱼角膜扫描电镜图

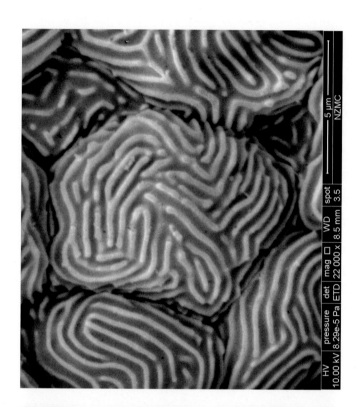

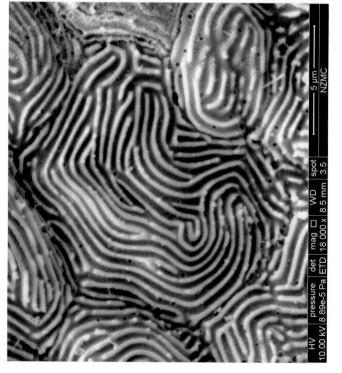

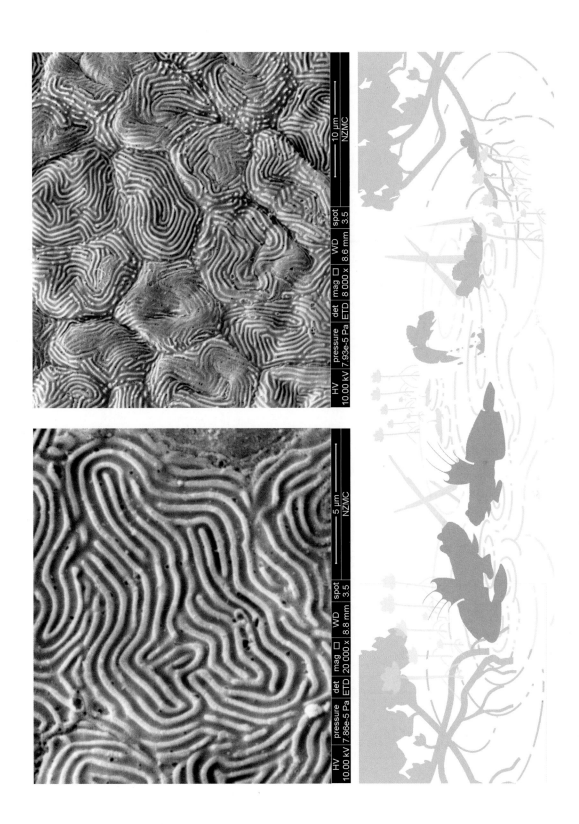

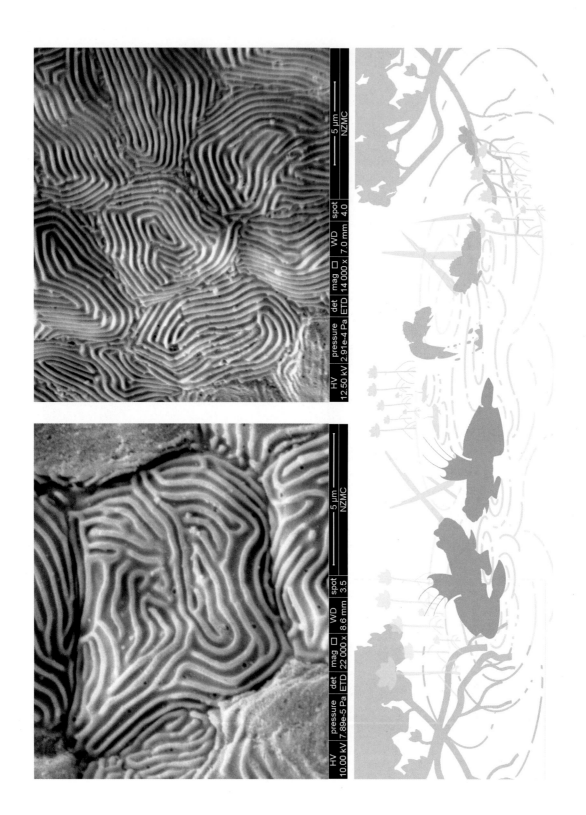

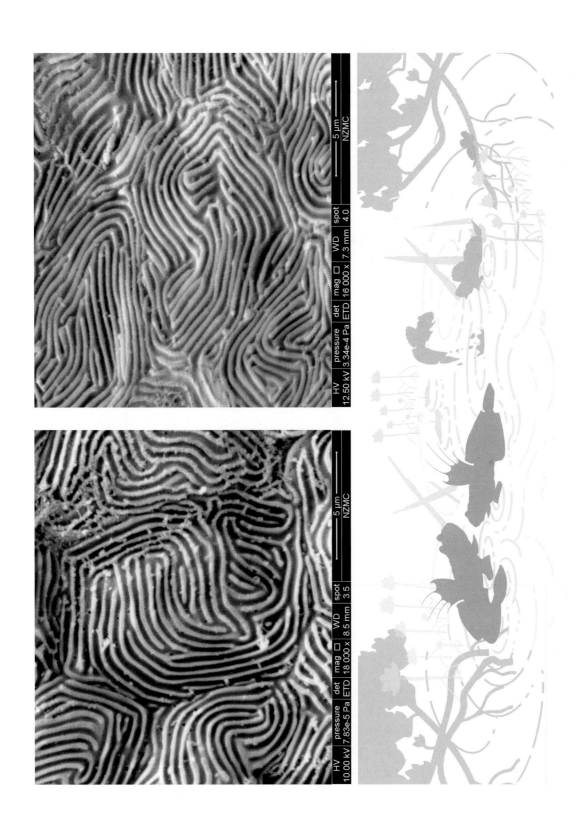

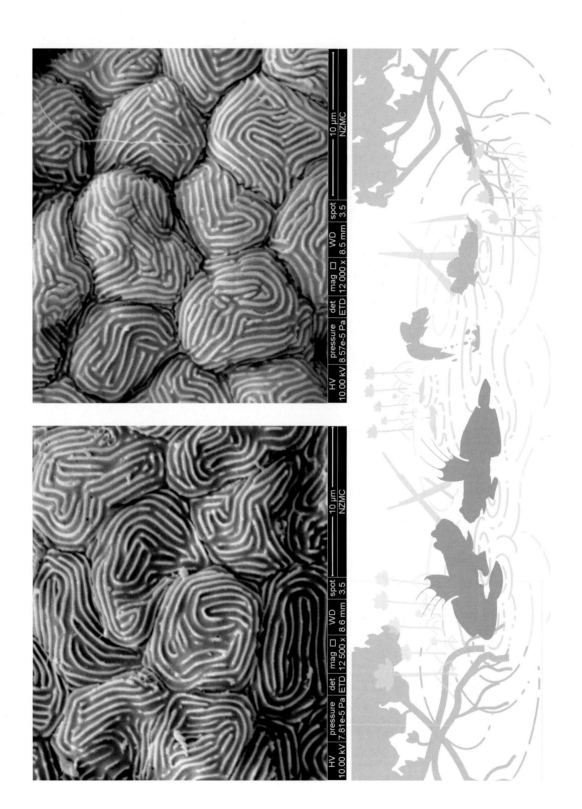

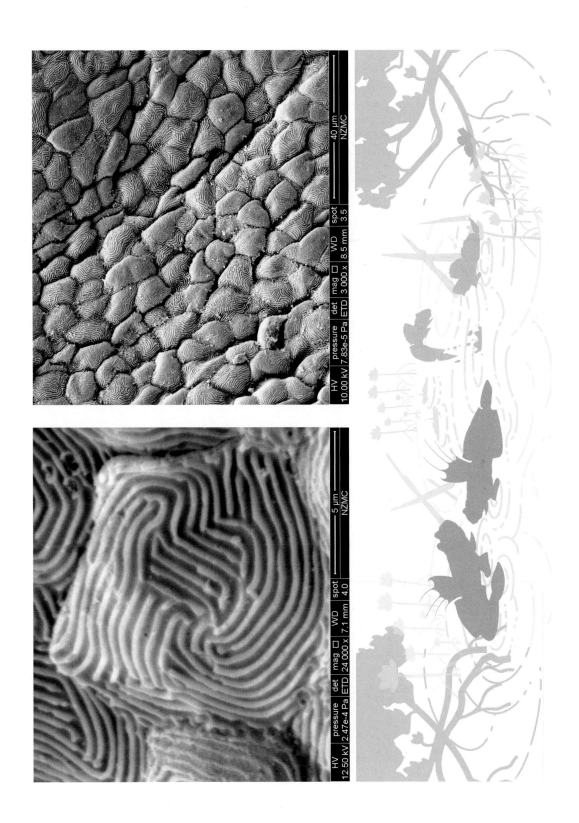

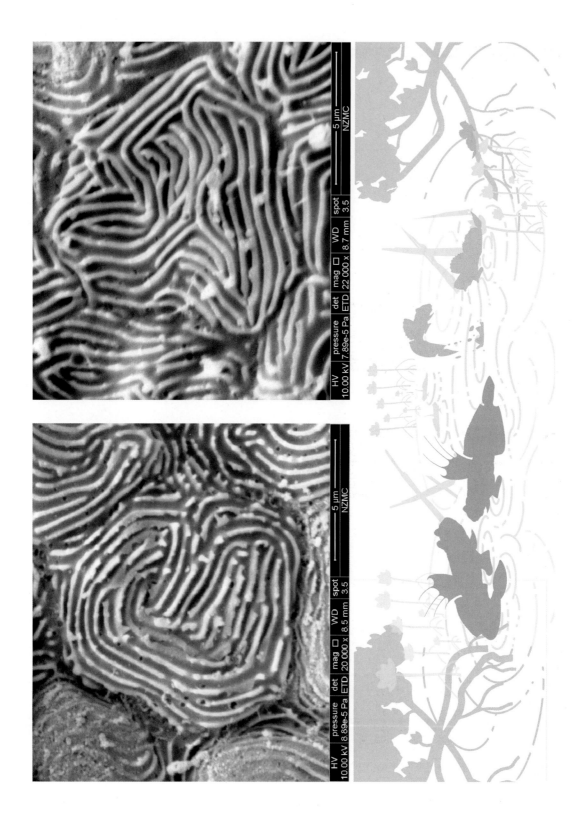

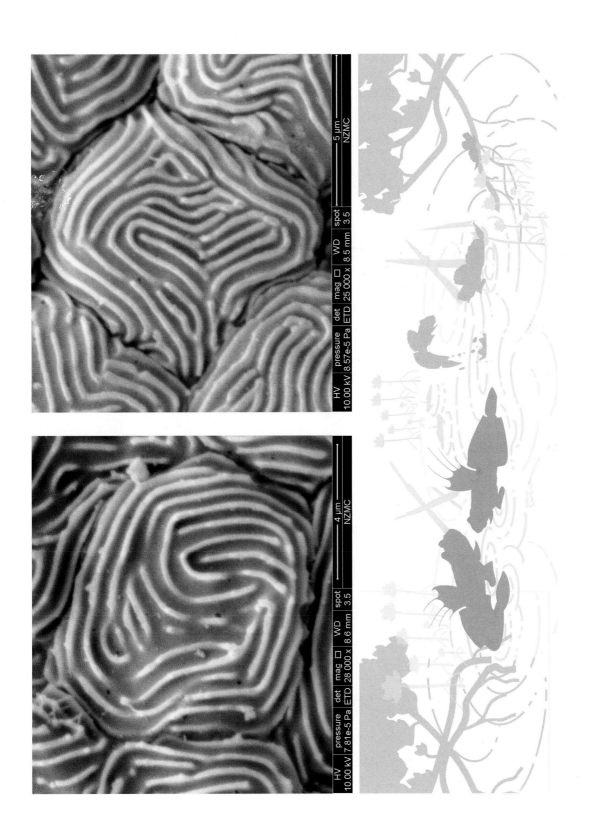

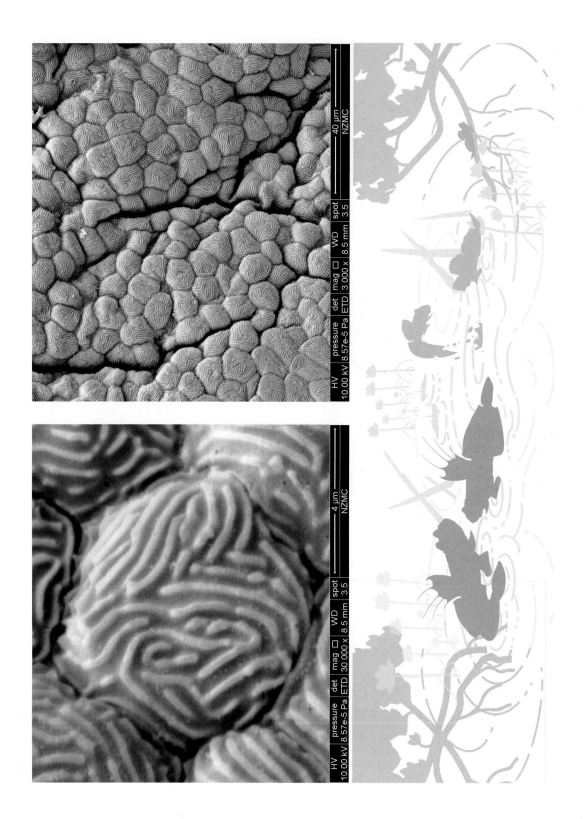

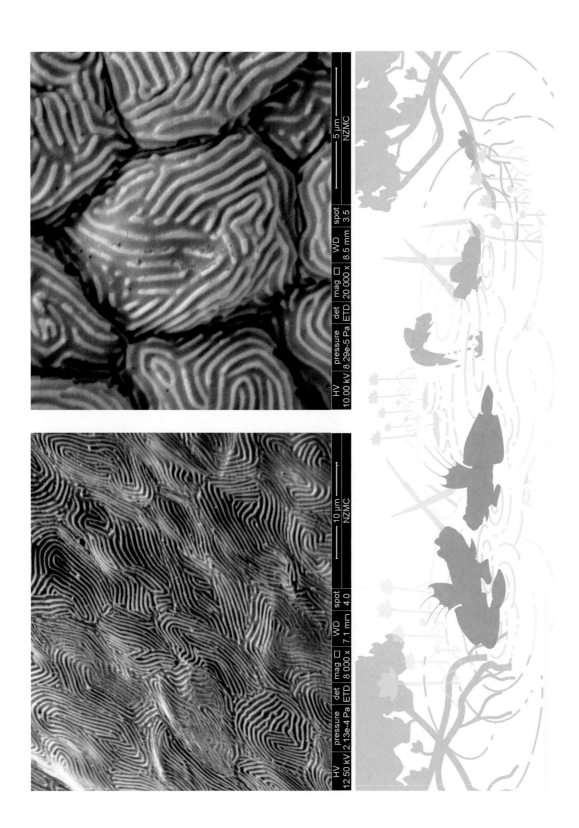

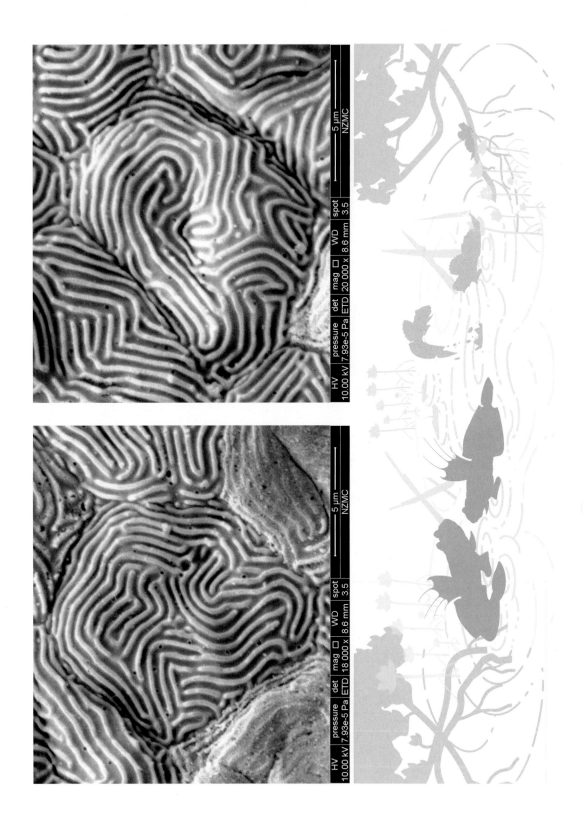

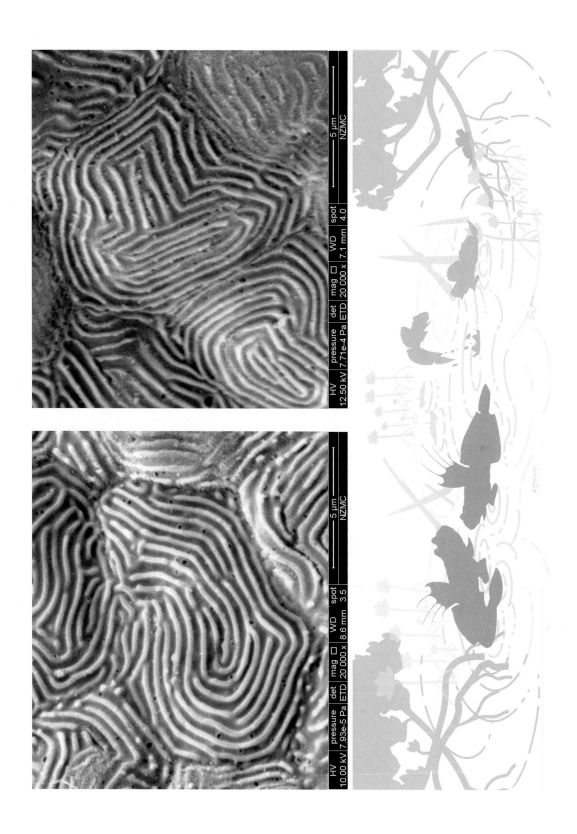

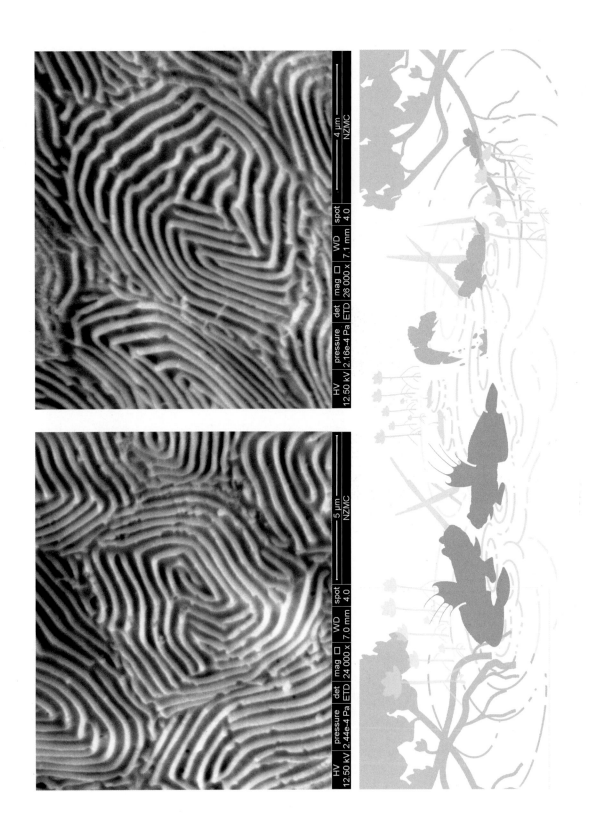

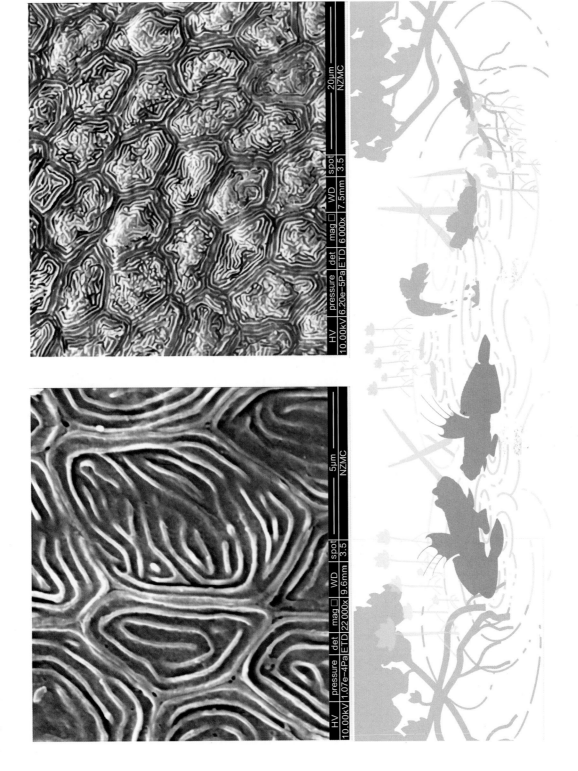

（二）长身拟平牙虾虎鱼角膜扫描电镜图

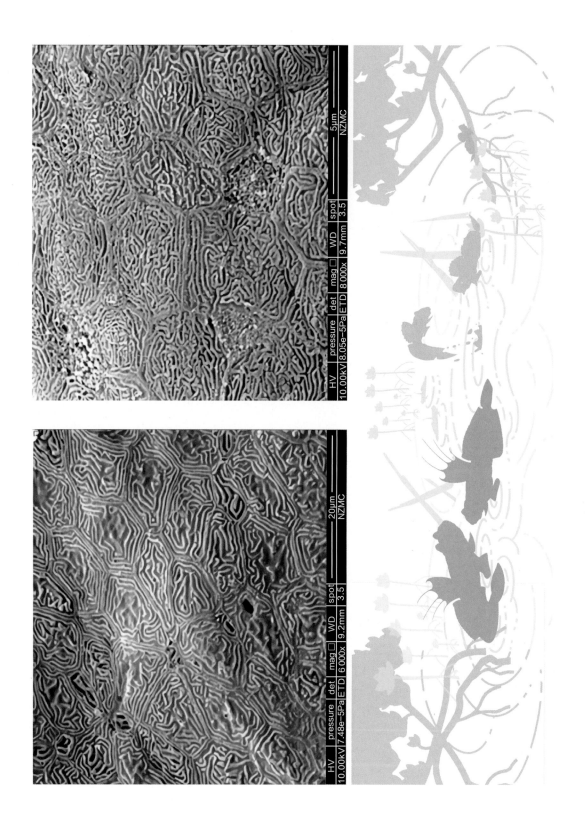

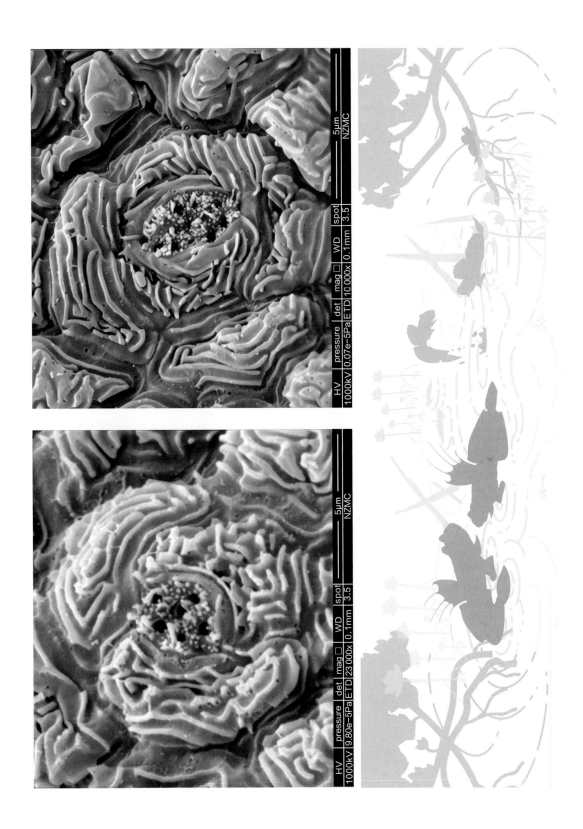

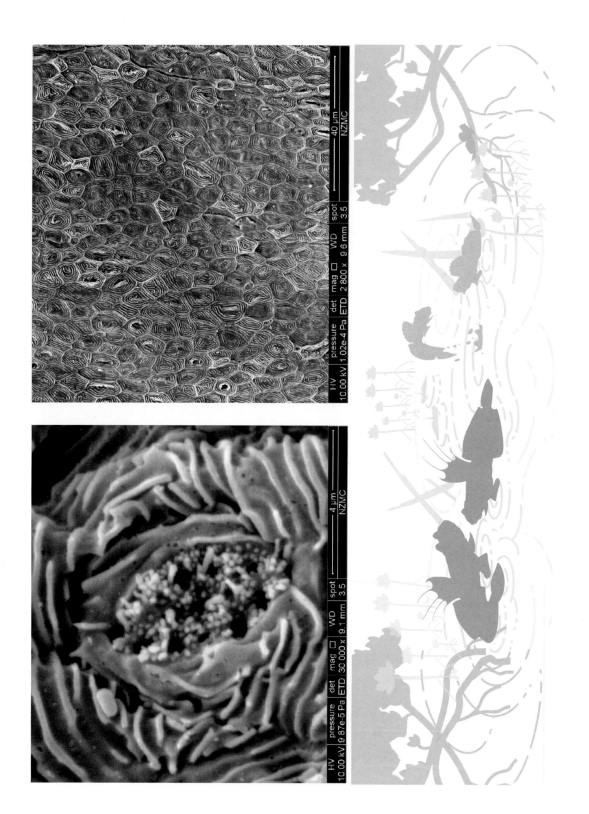

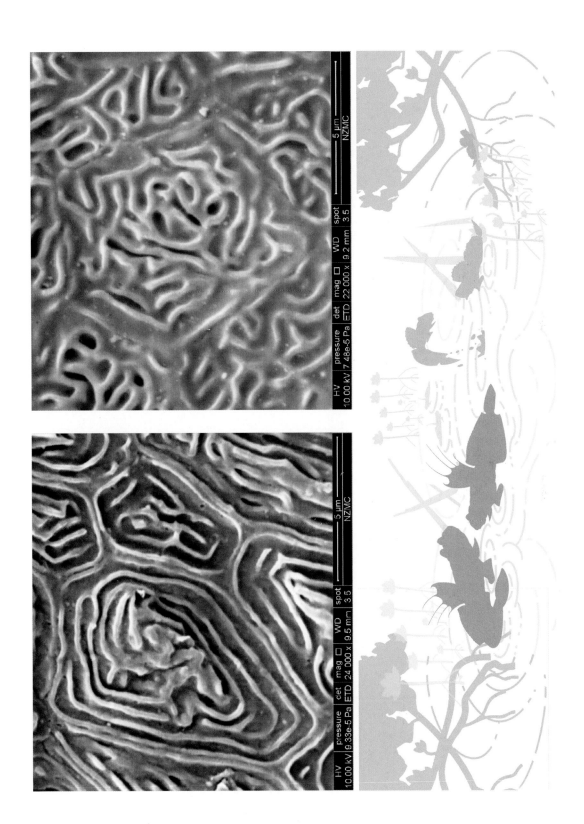

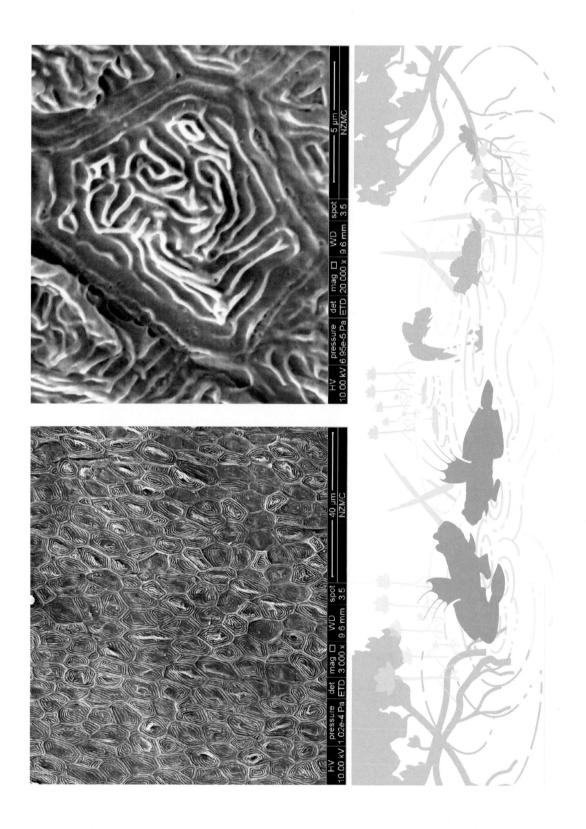

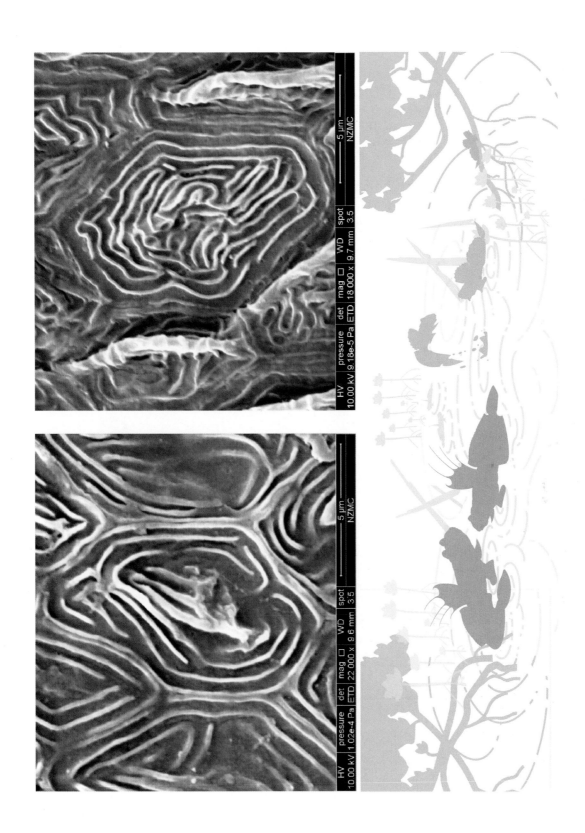

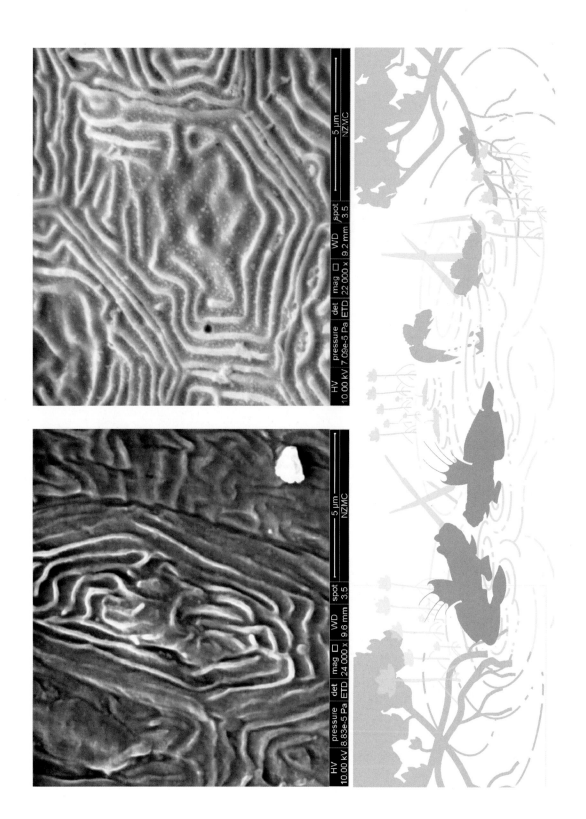

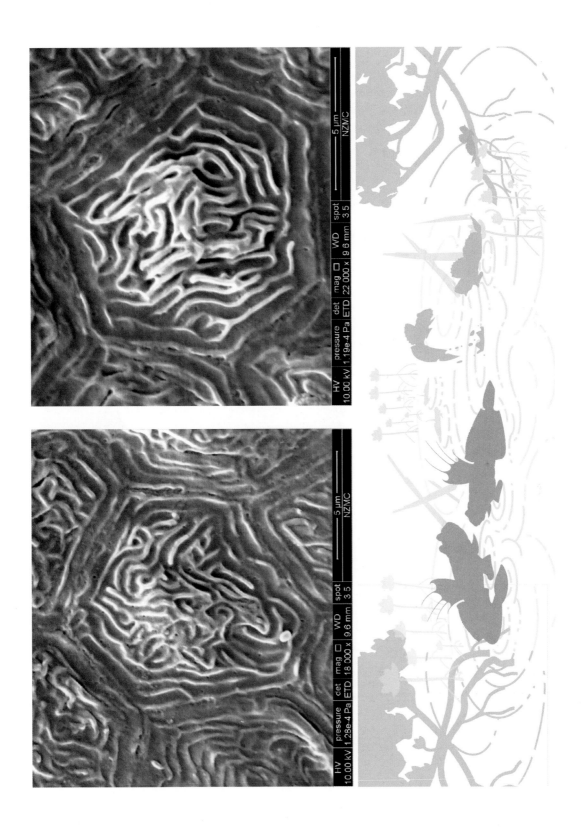

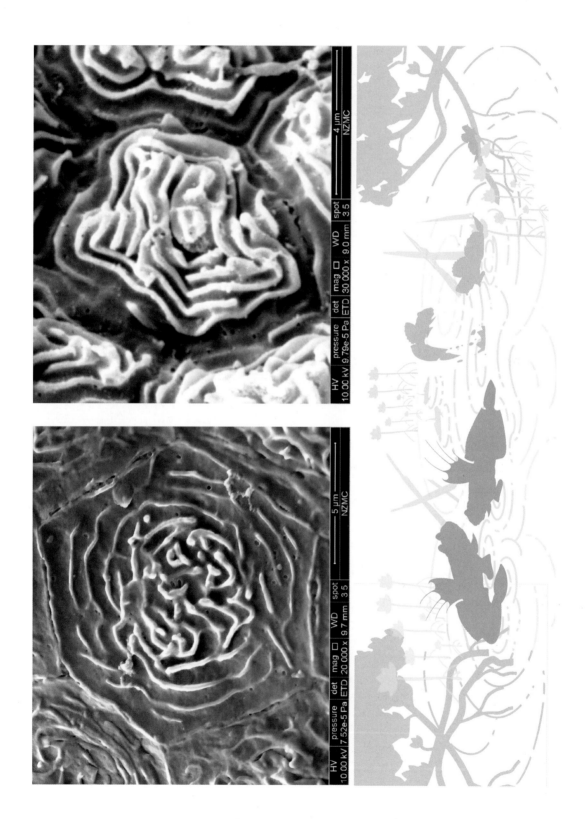

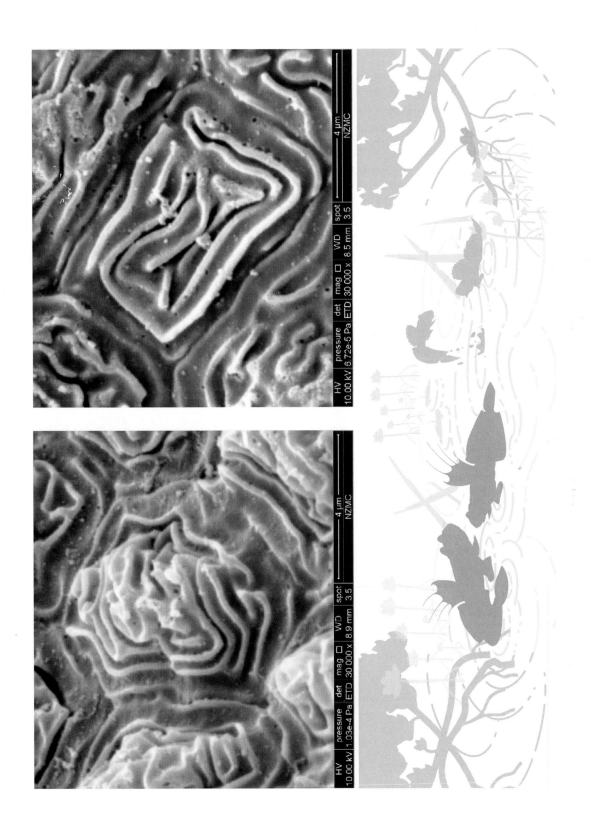

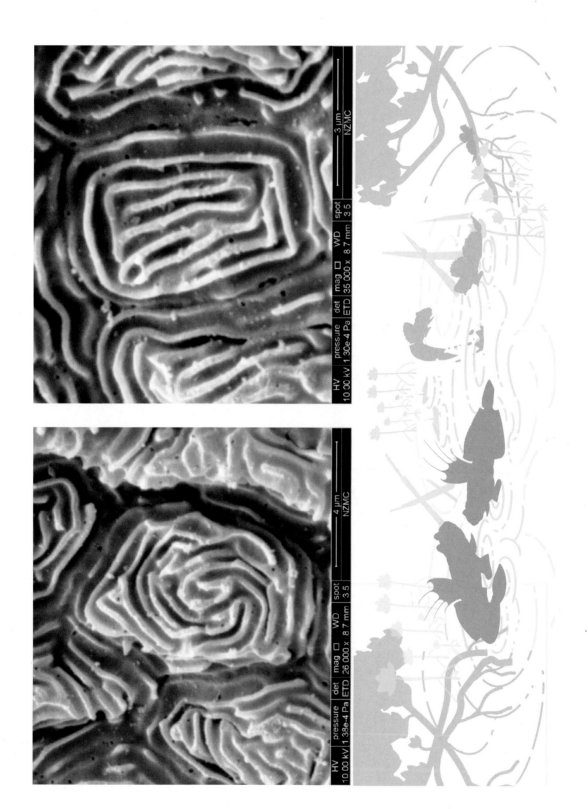

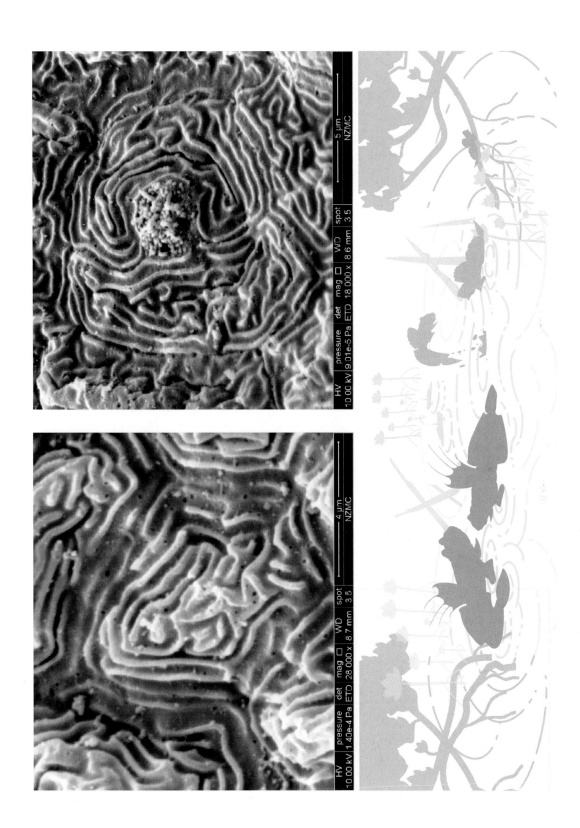

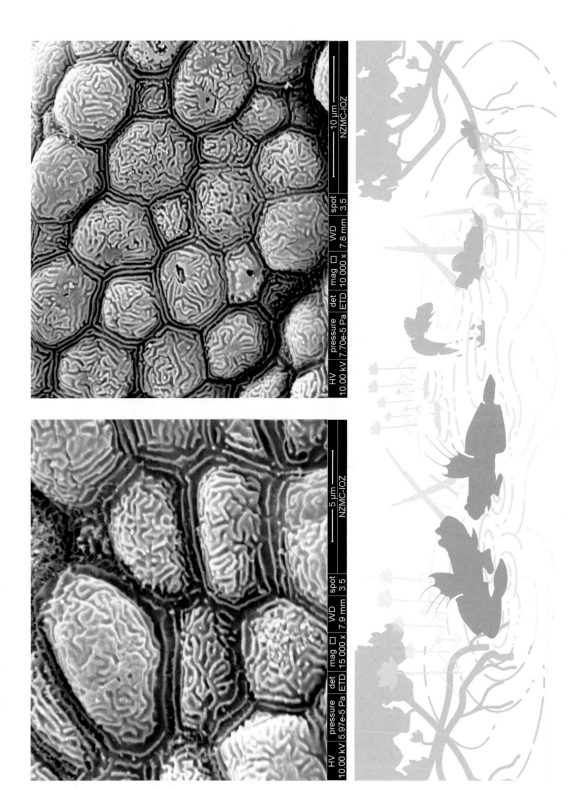

（三）大齿背眼虾虎鱼角膜扫描电镜图

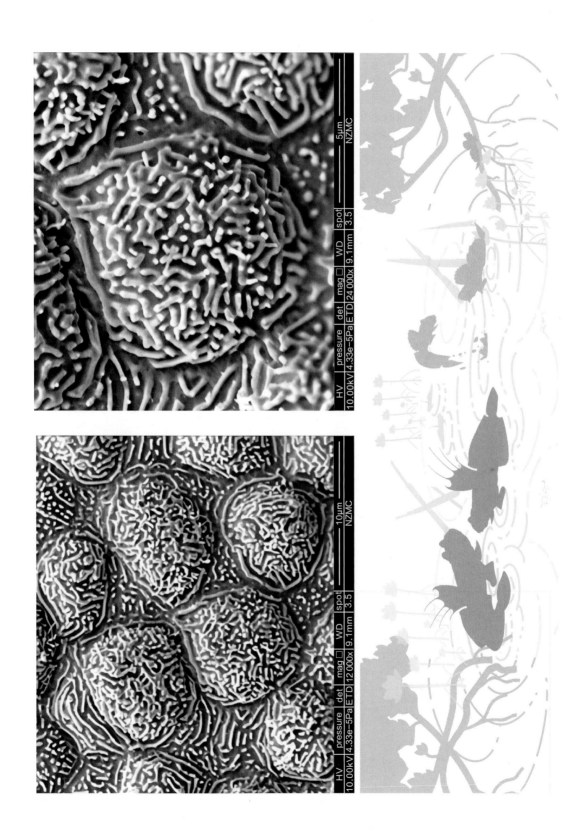

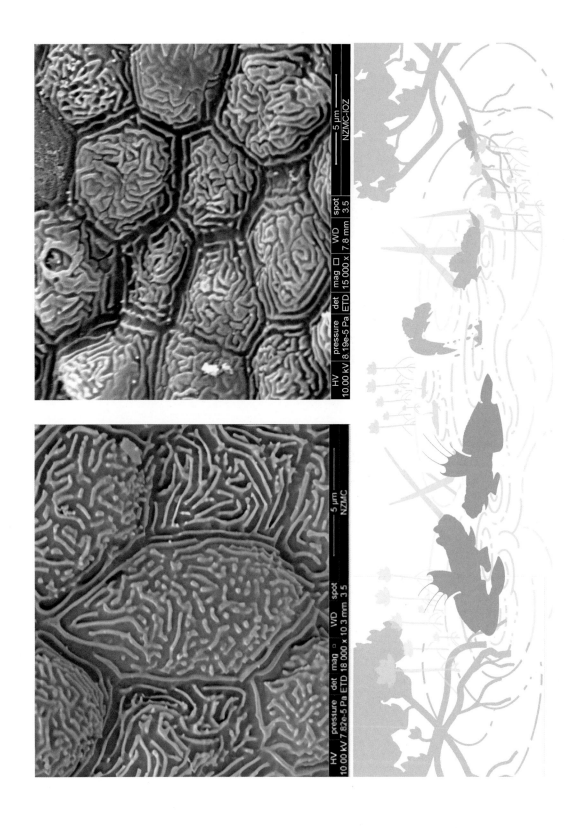

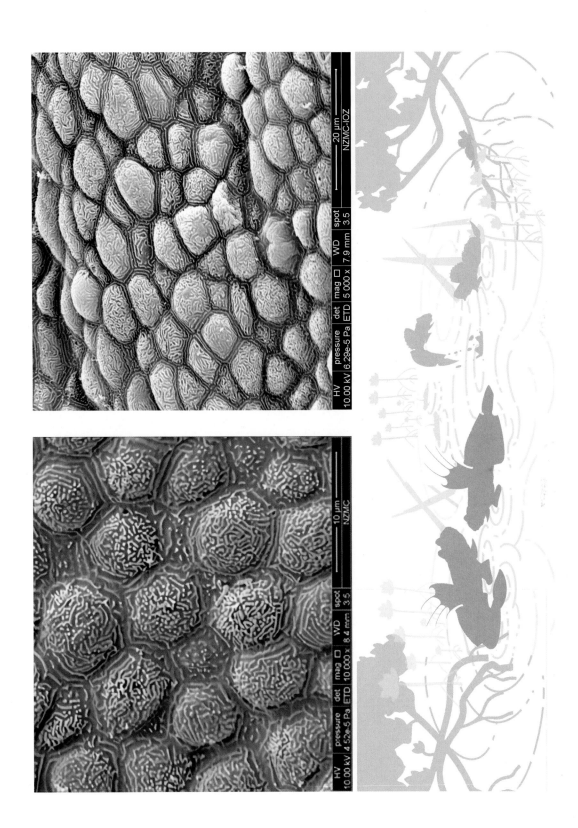

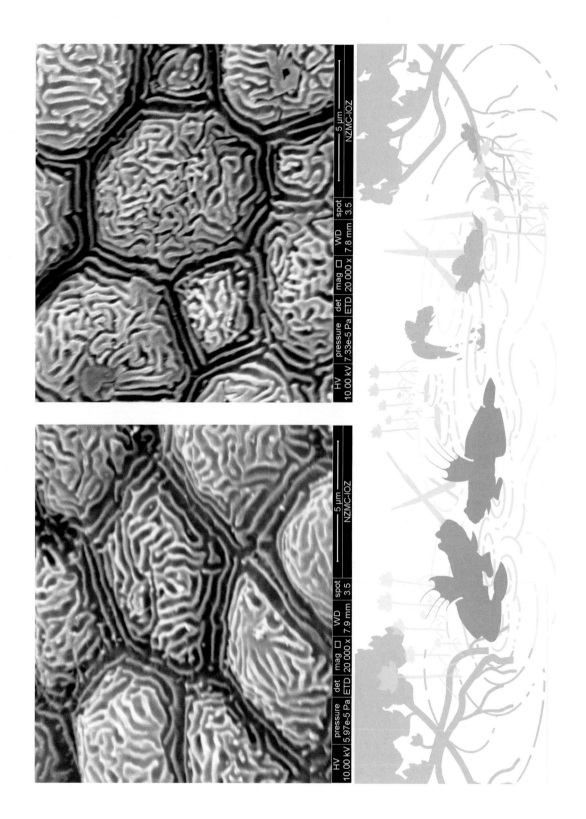

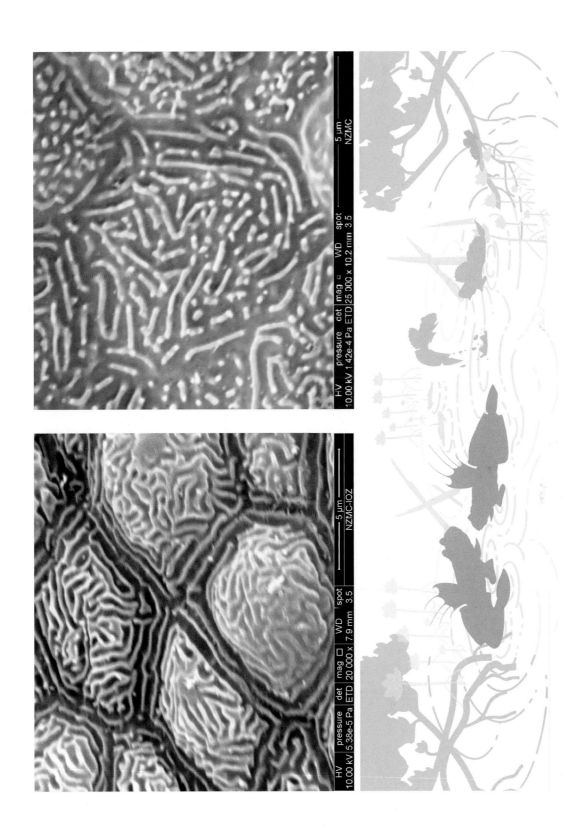

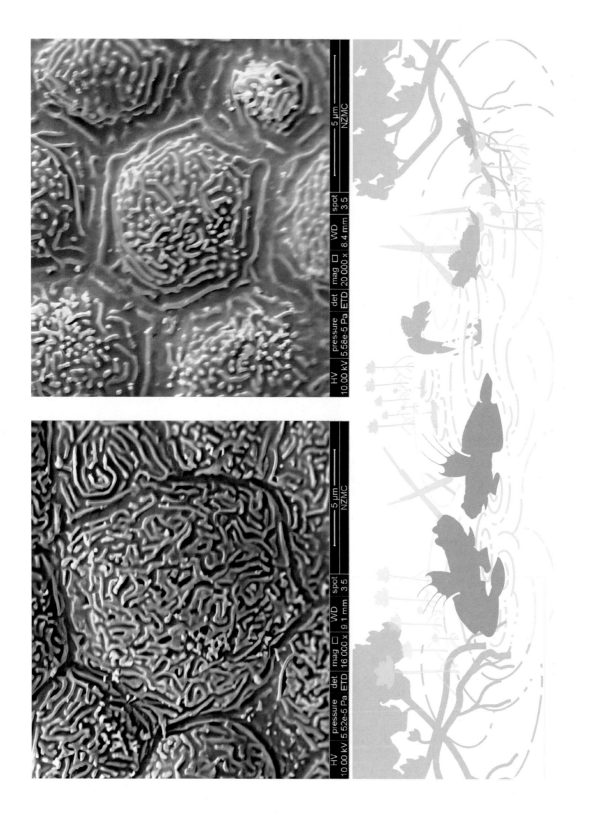

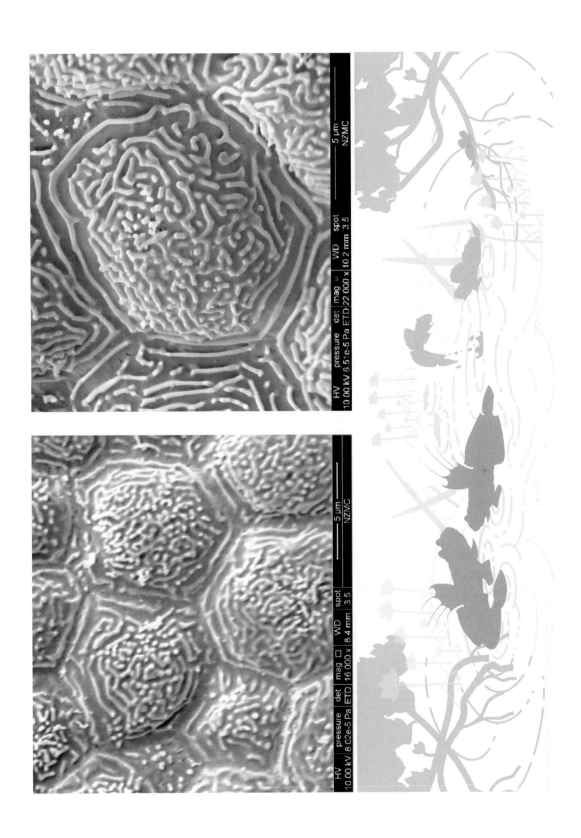

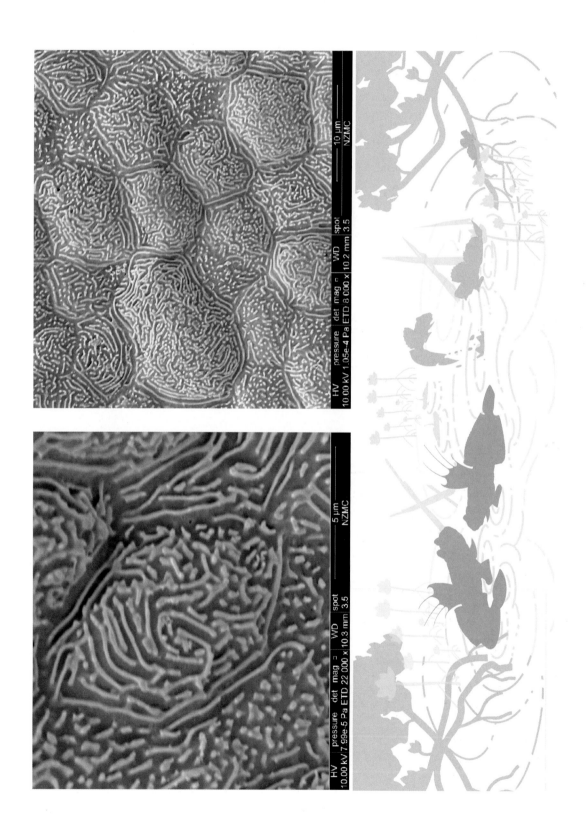

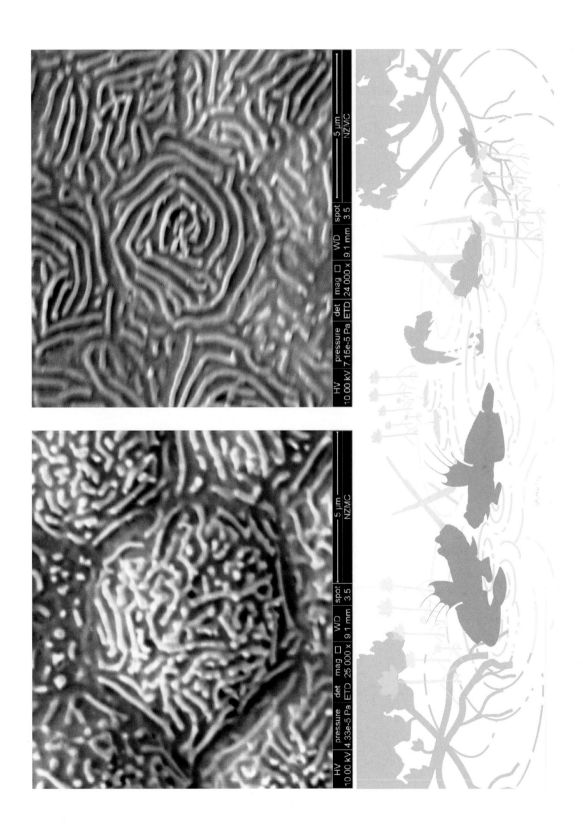

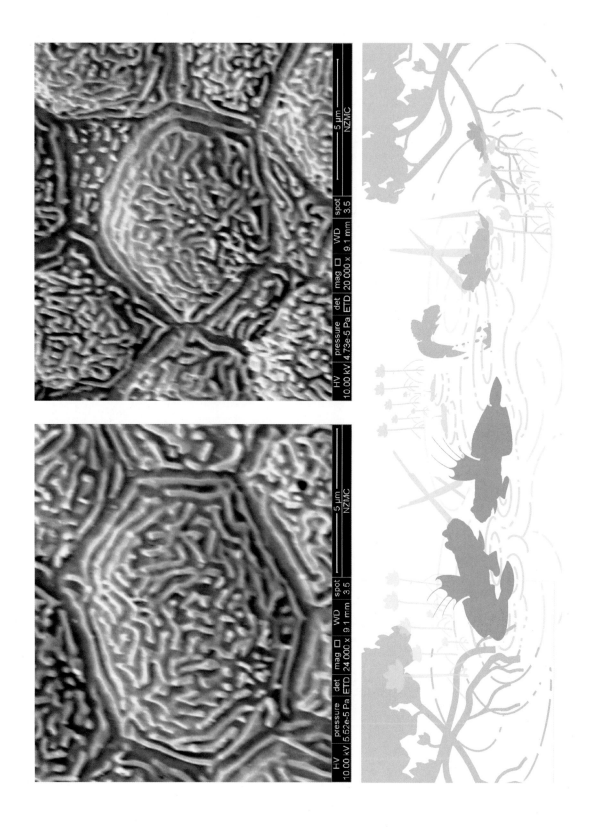

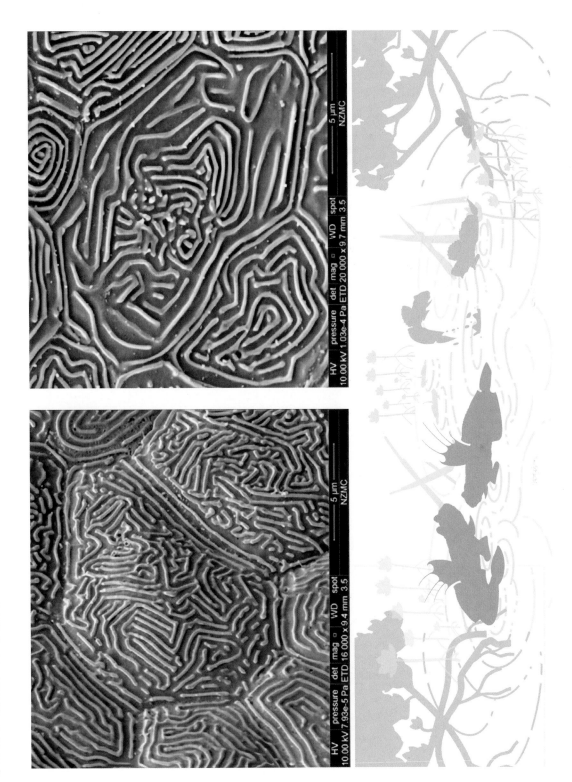

（四）青弹涂鱼角膜扫描电镜图

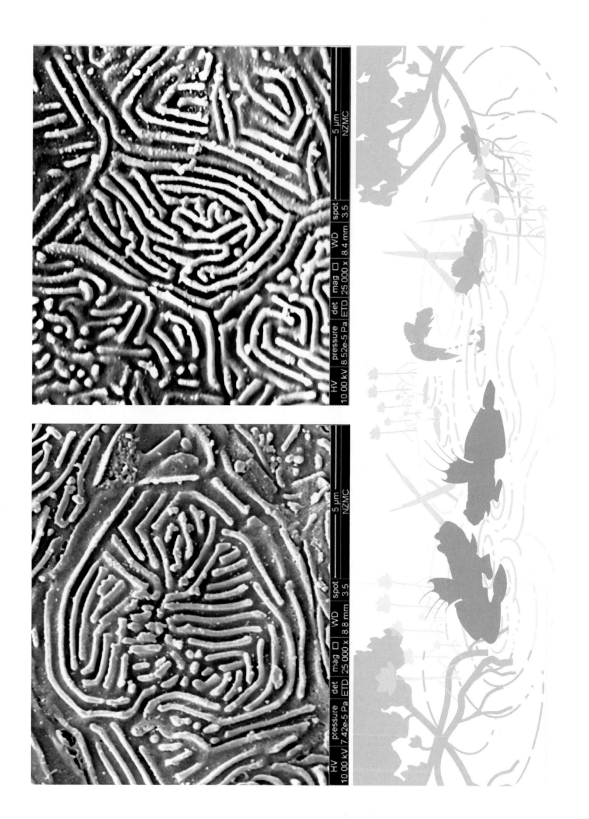

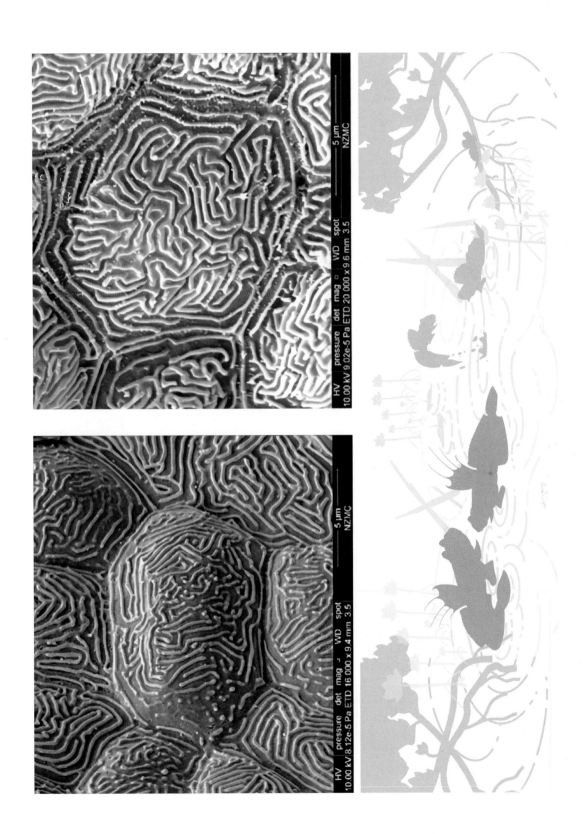

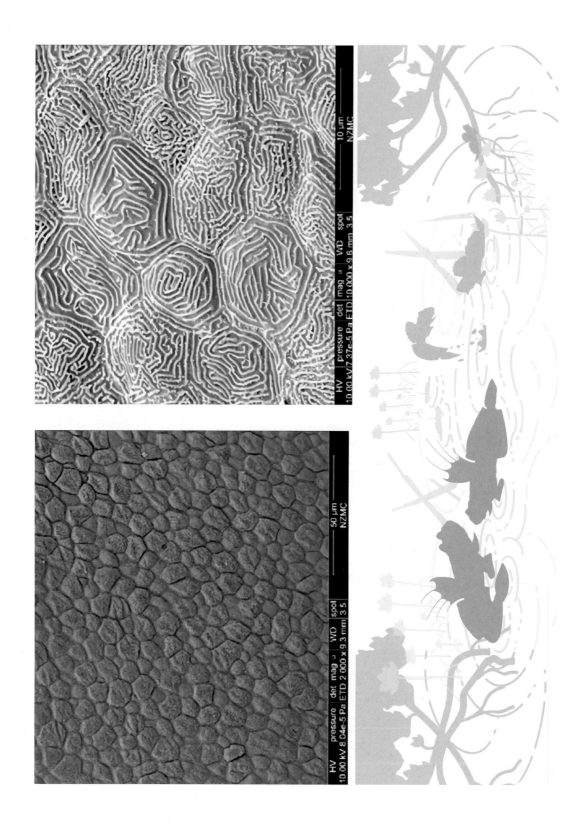

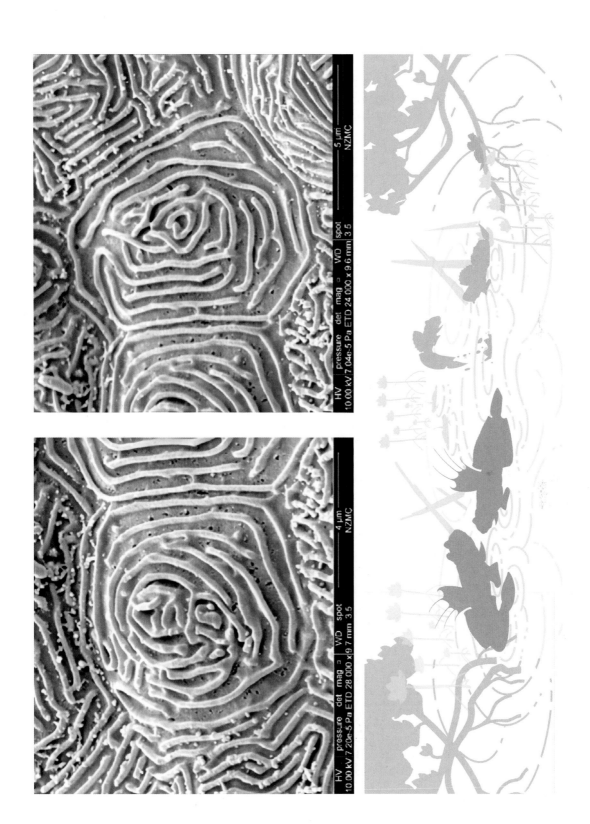

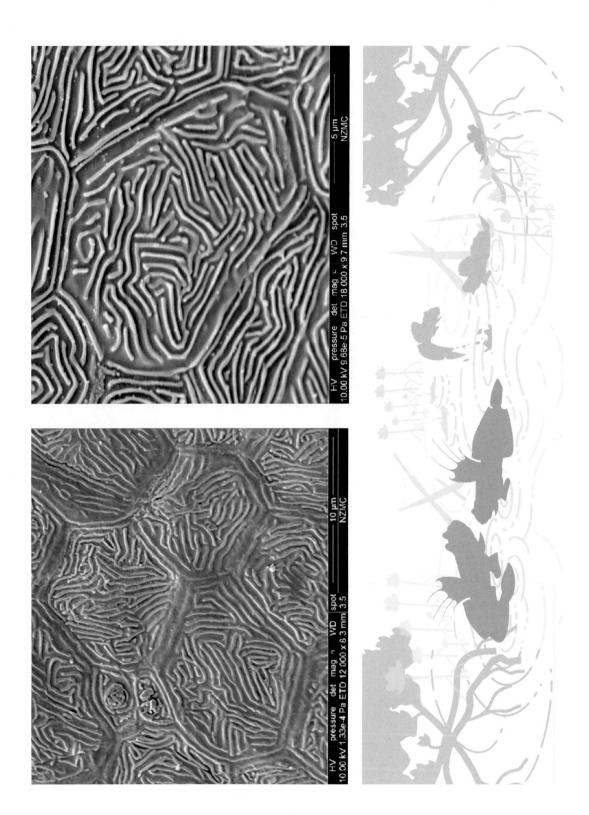

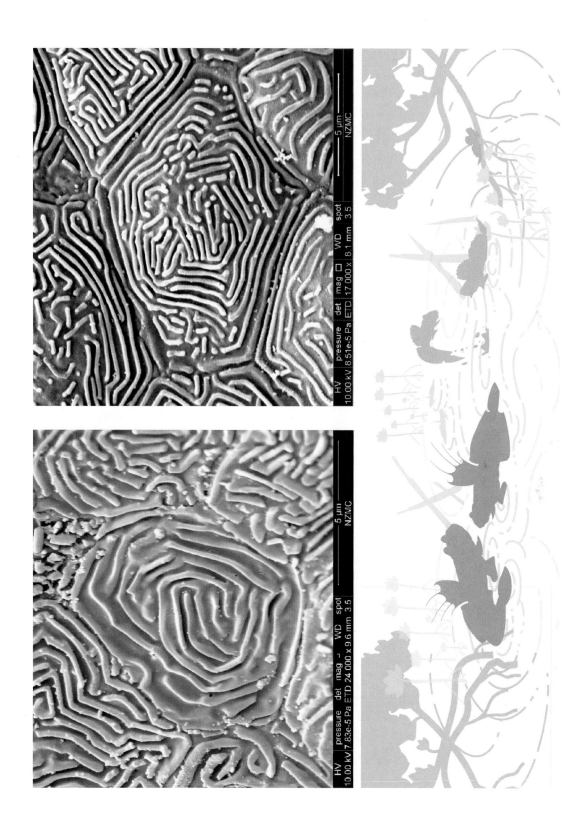

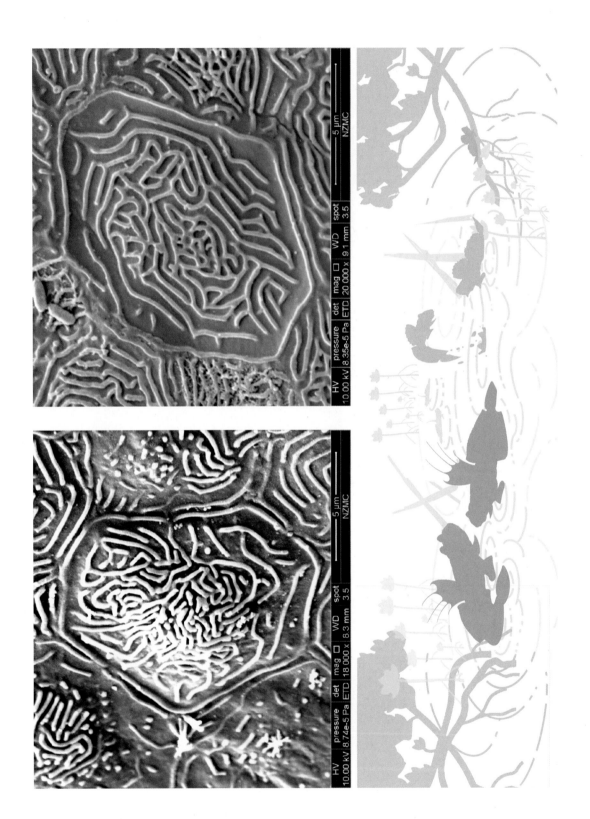

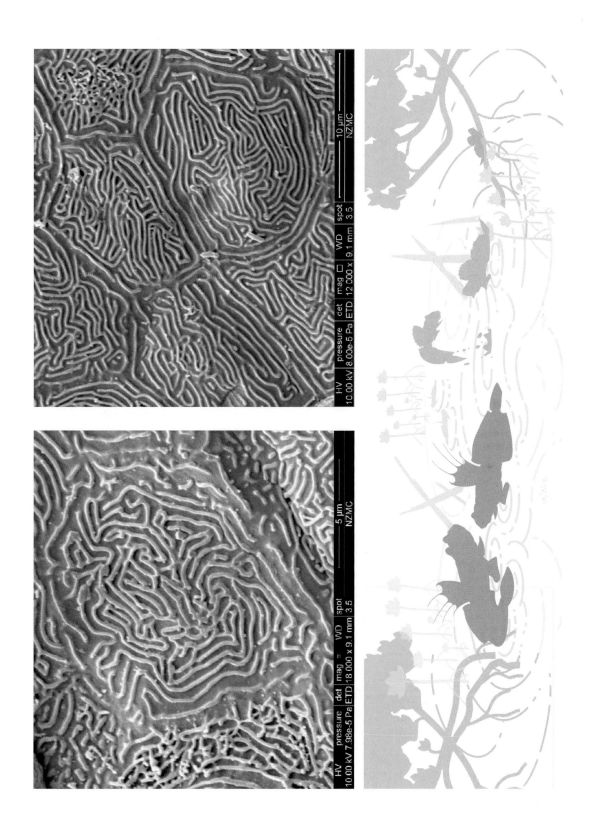

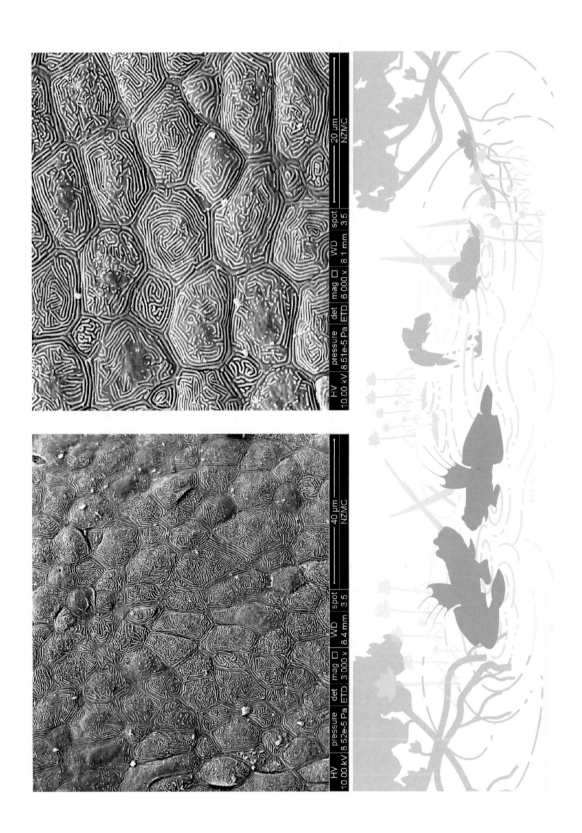

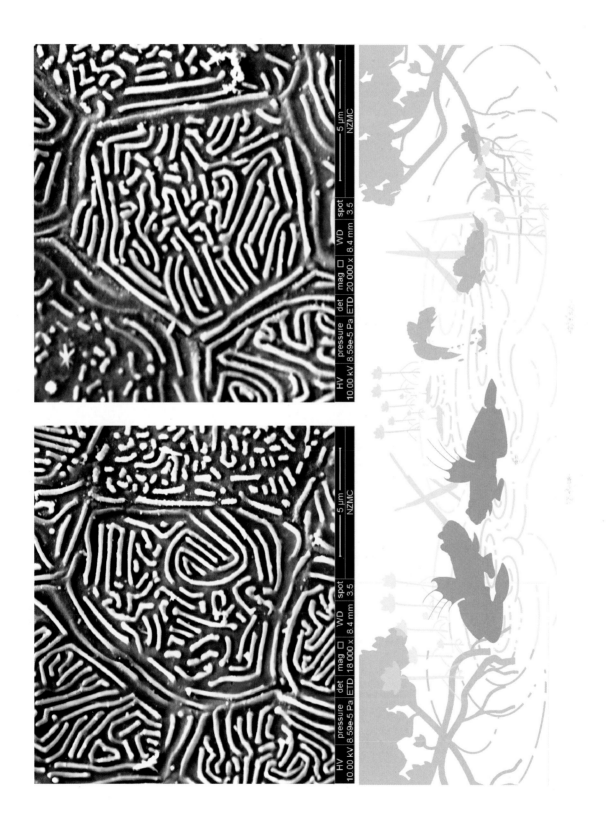

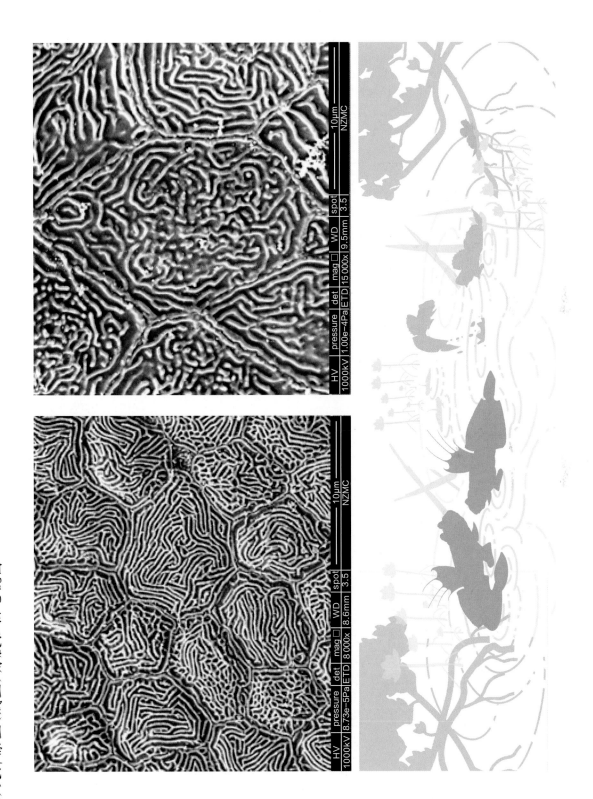

（五）大弹涂鱼（成鱼）角膜扫描电镜图

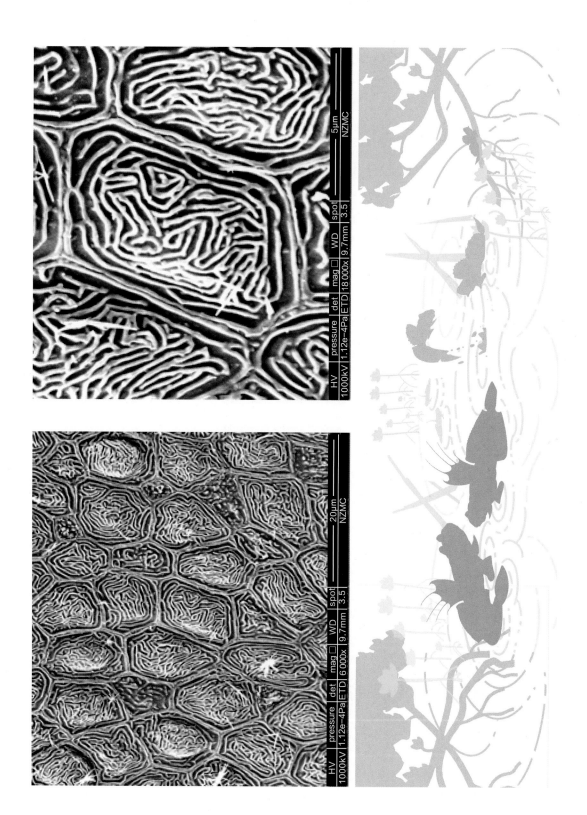

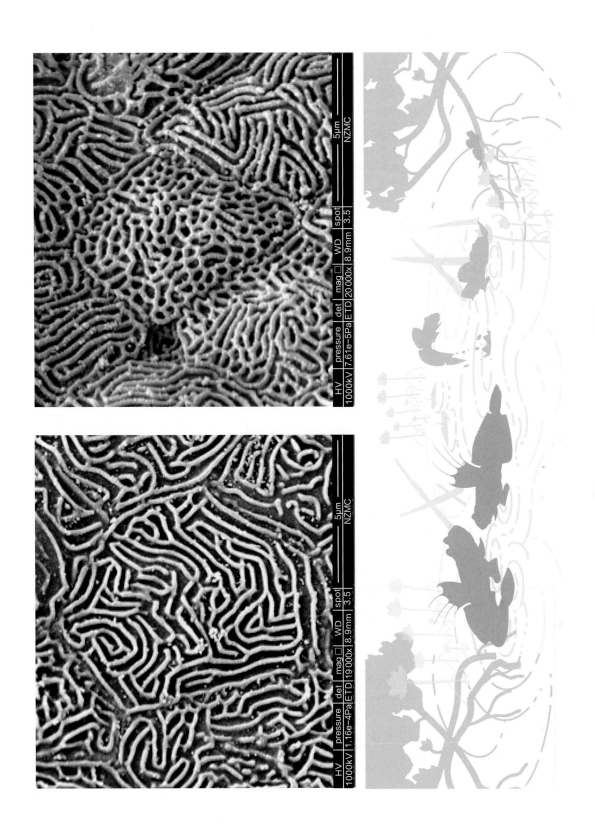

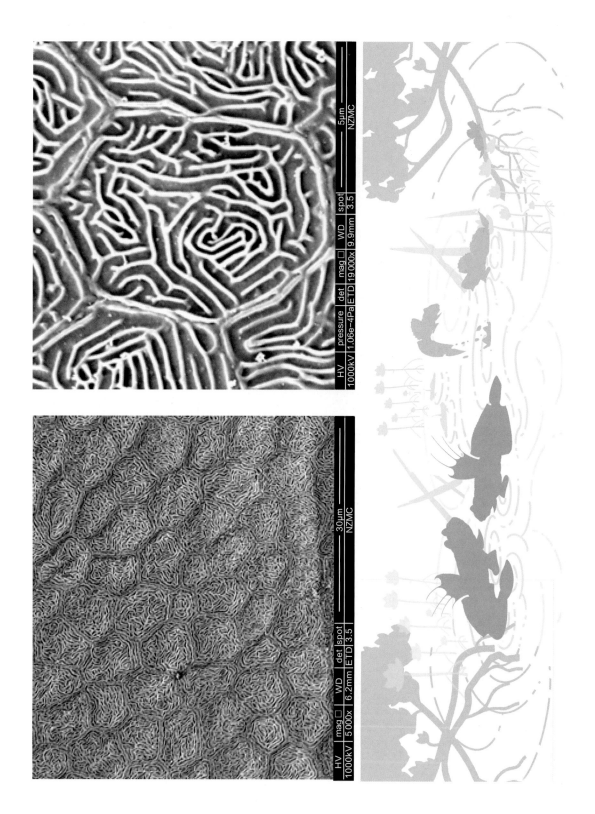

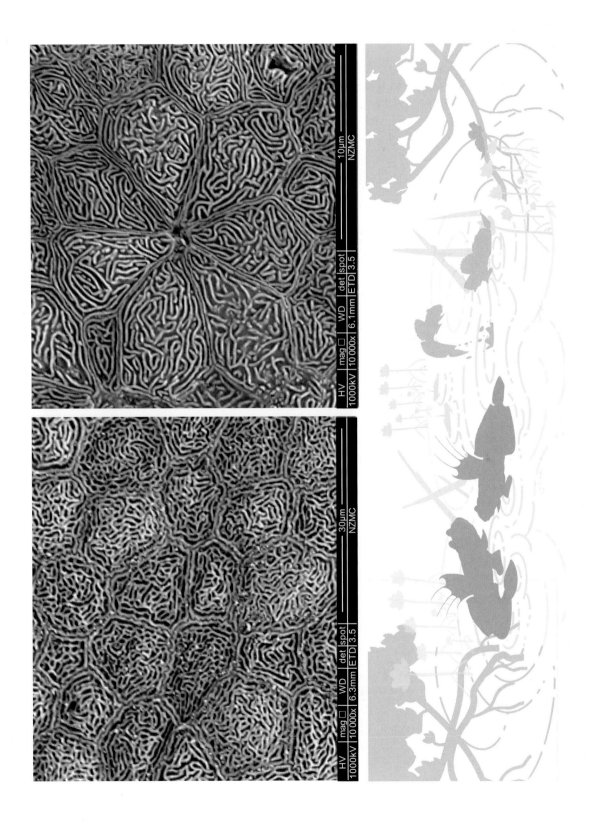

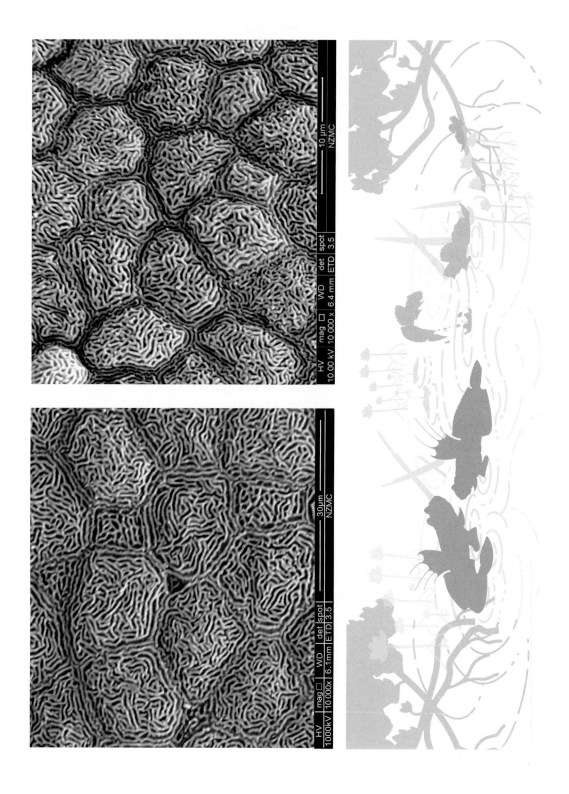

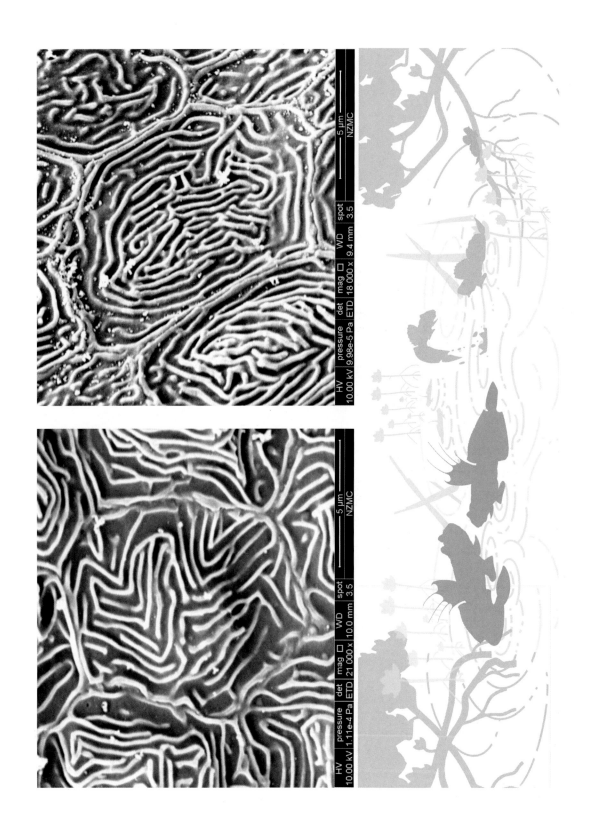

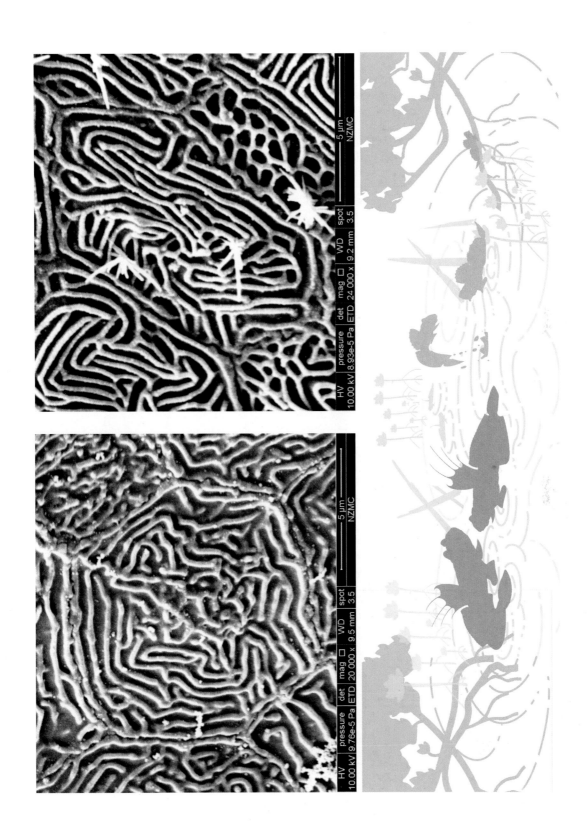

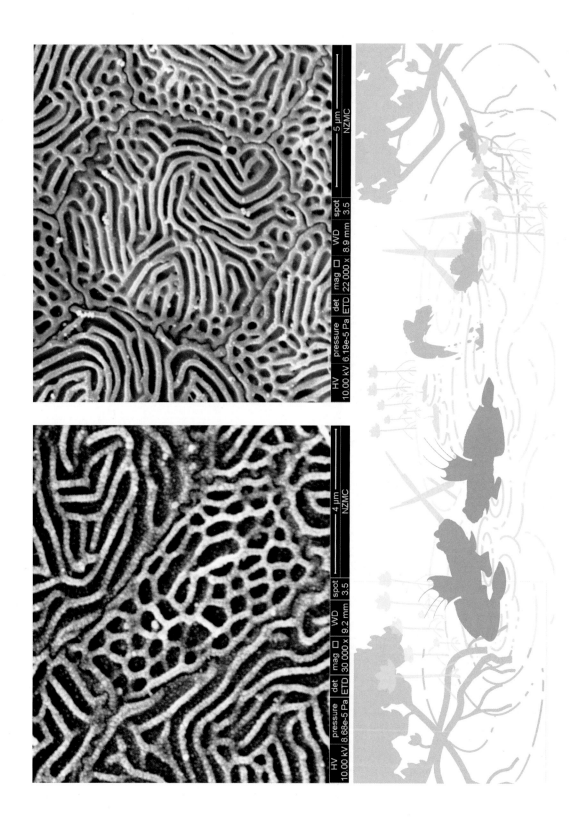

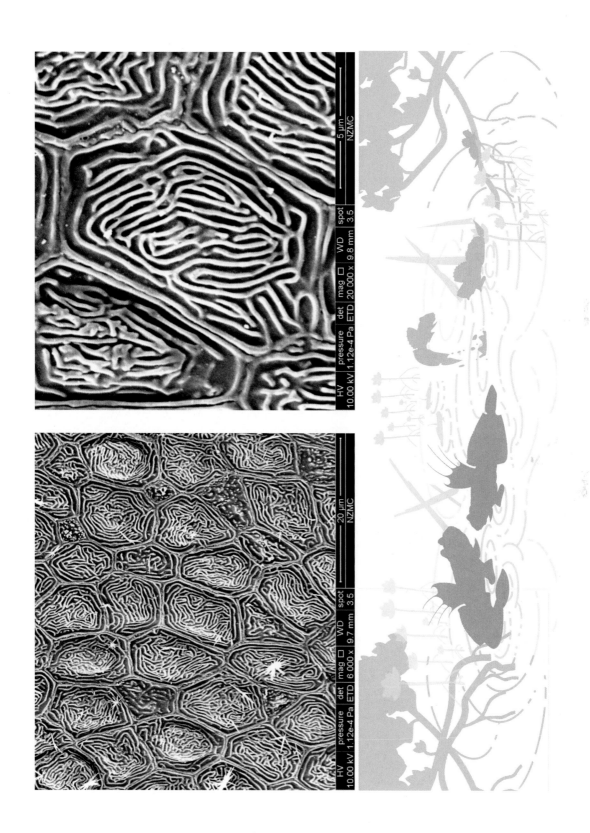

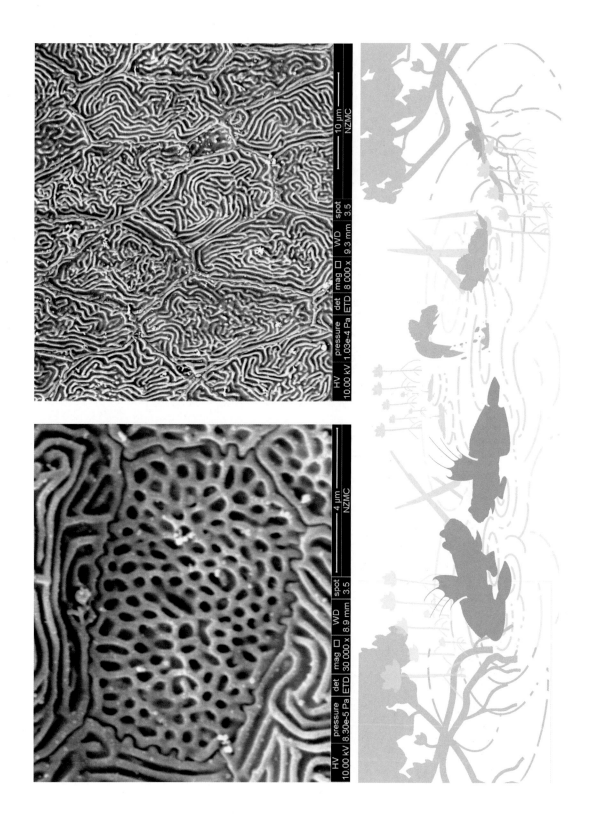

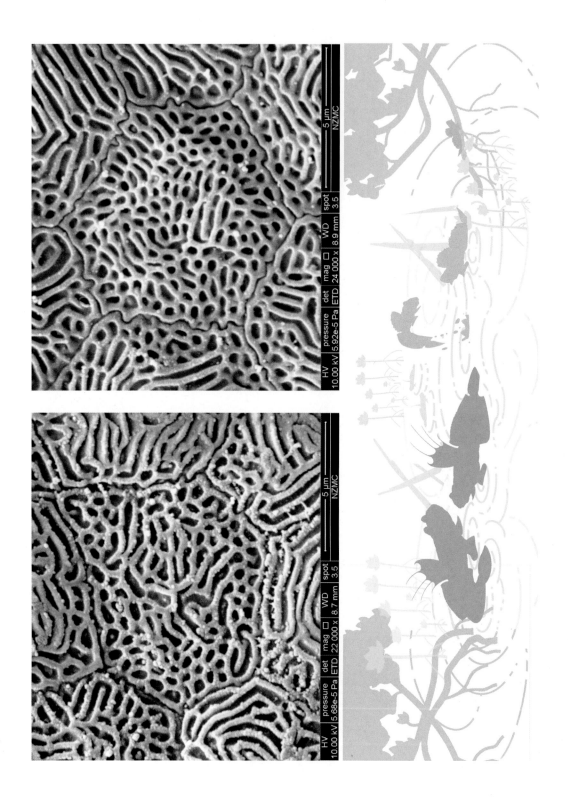

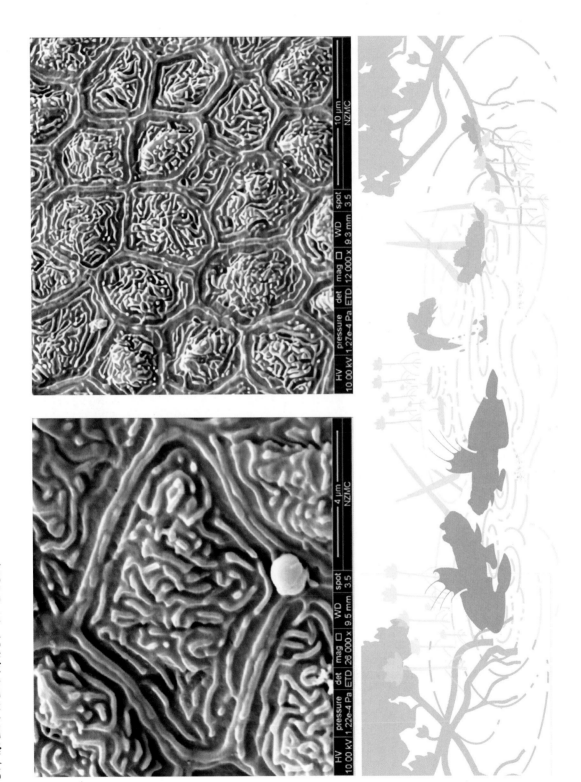

（六）大弹涂鱼（幼鱼）角膜扫描电镜图

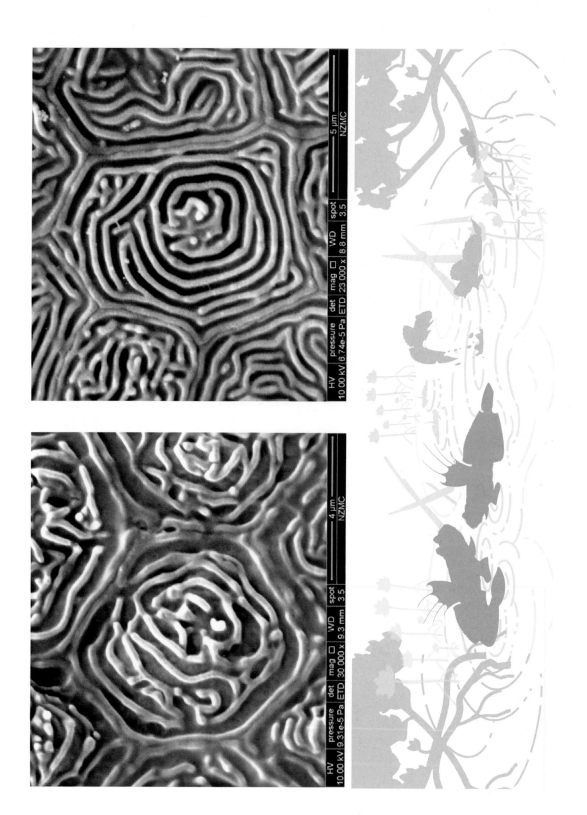

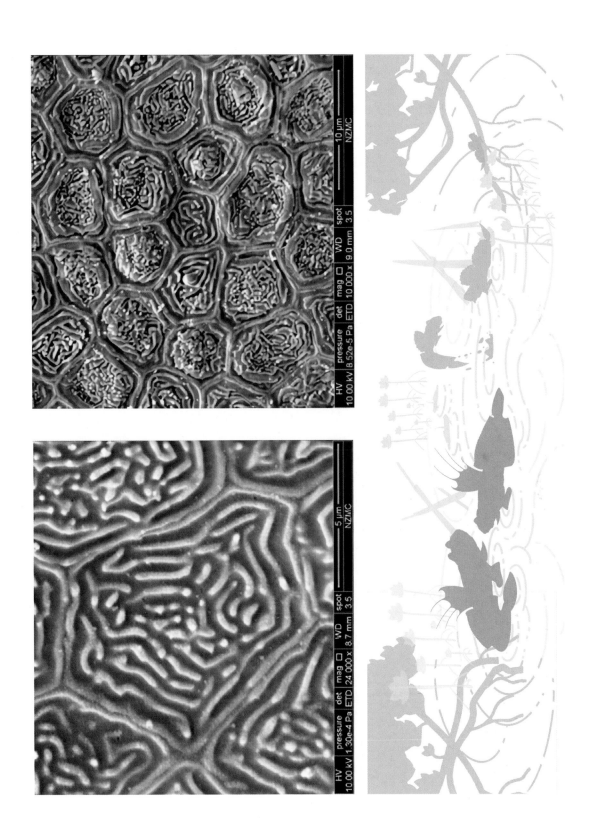

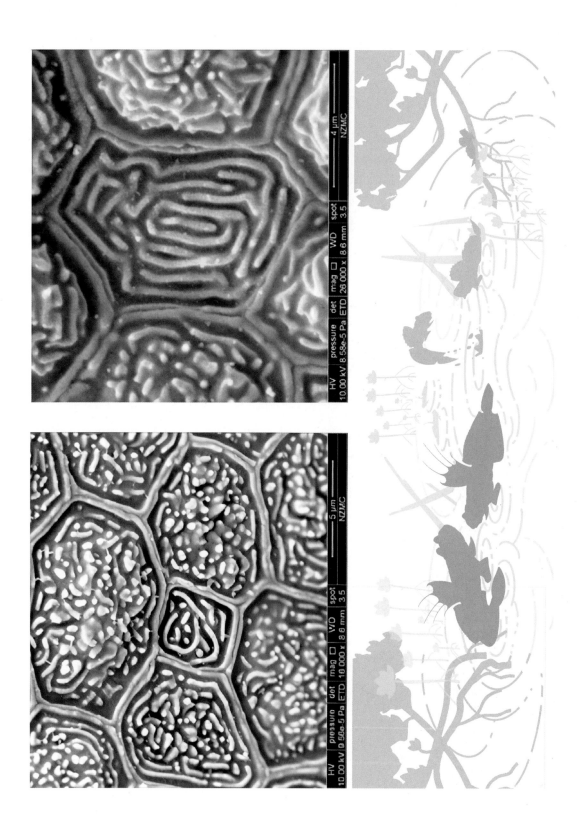

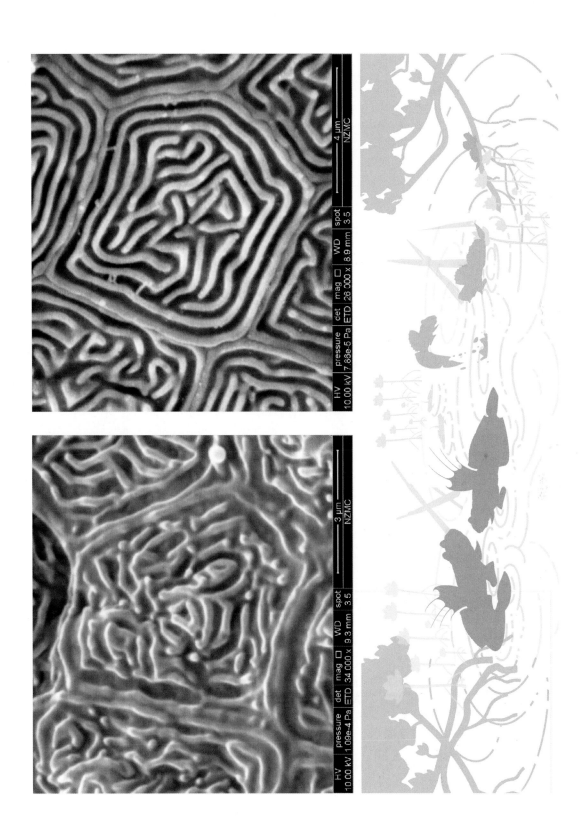

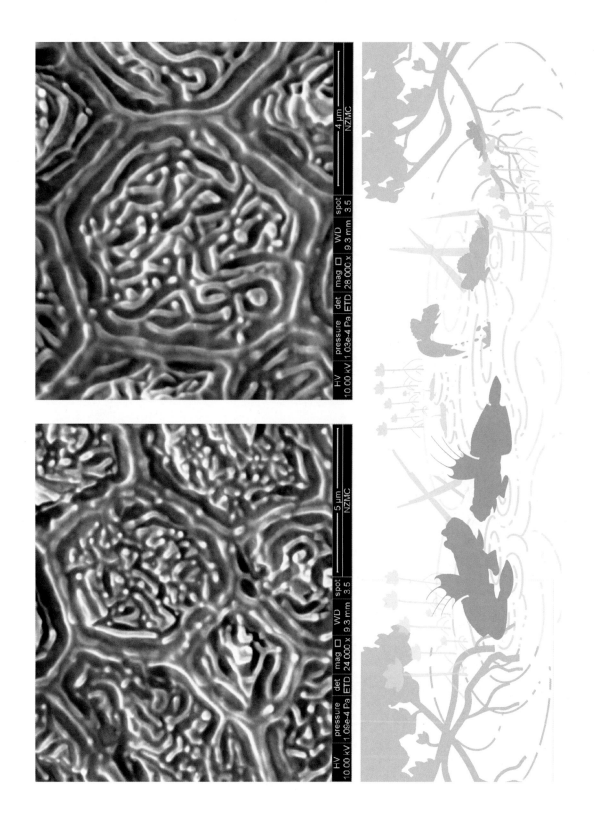

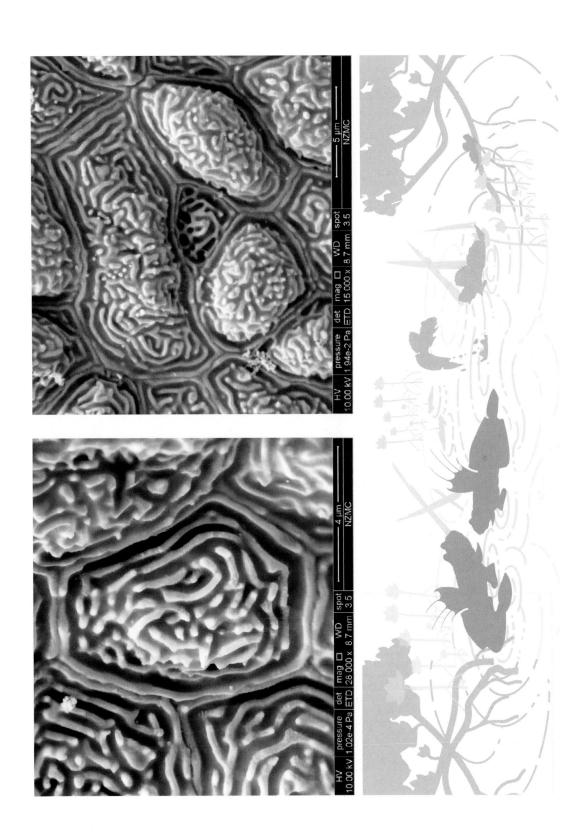

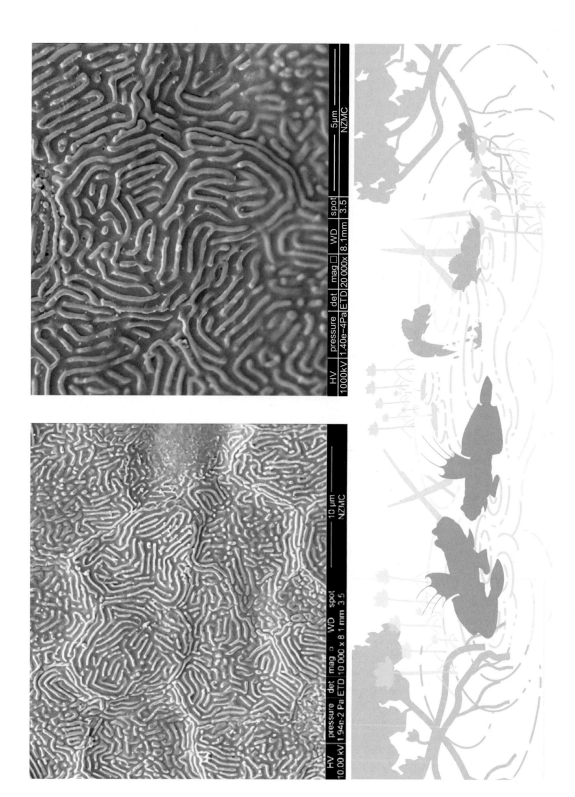

（七）大鳍弹涂鱼（成鱼）角膜扫描电镜图

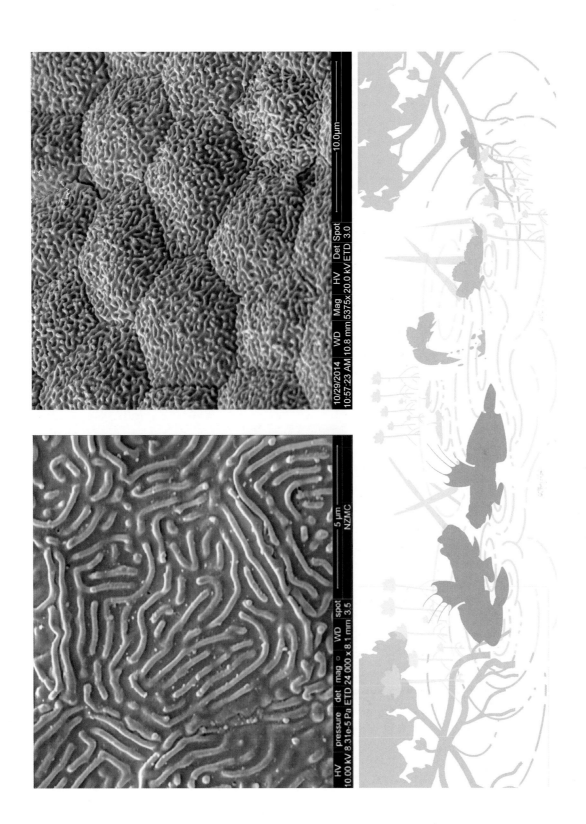

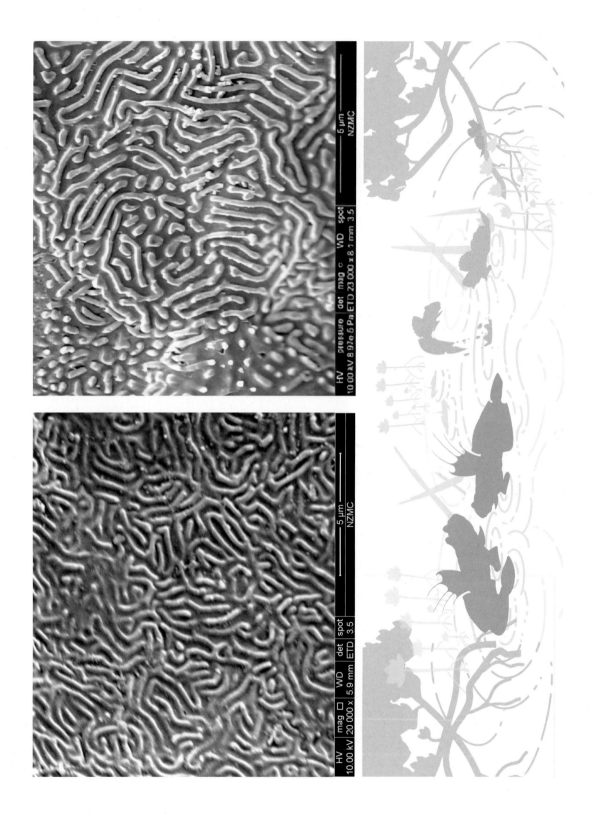

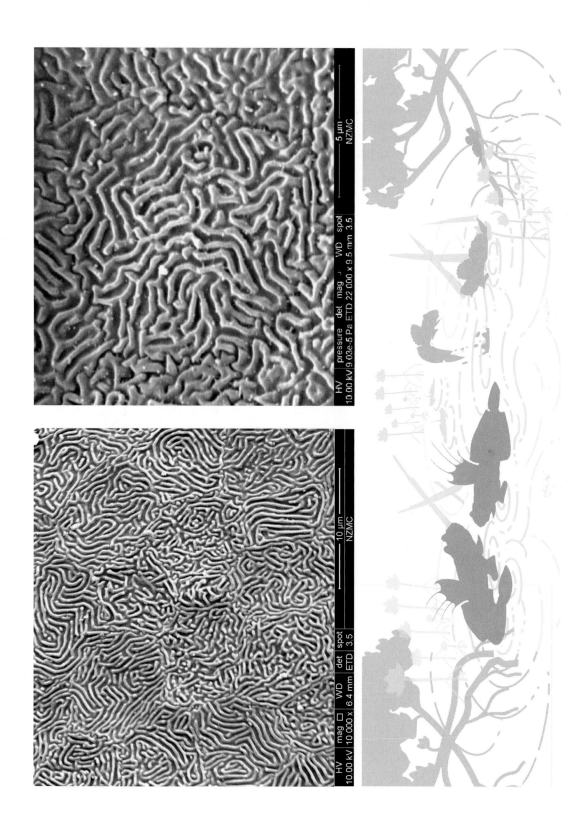

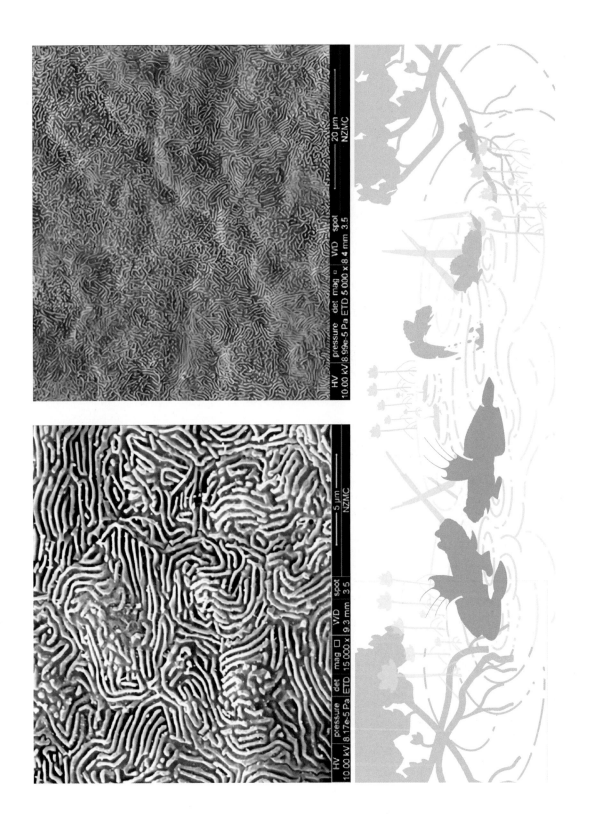

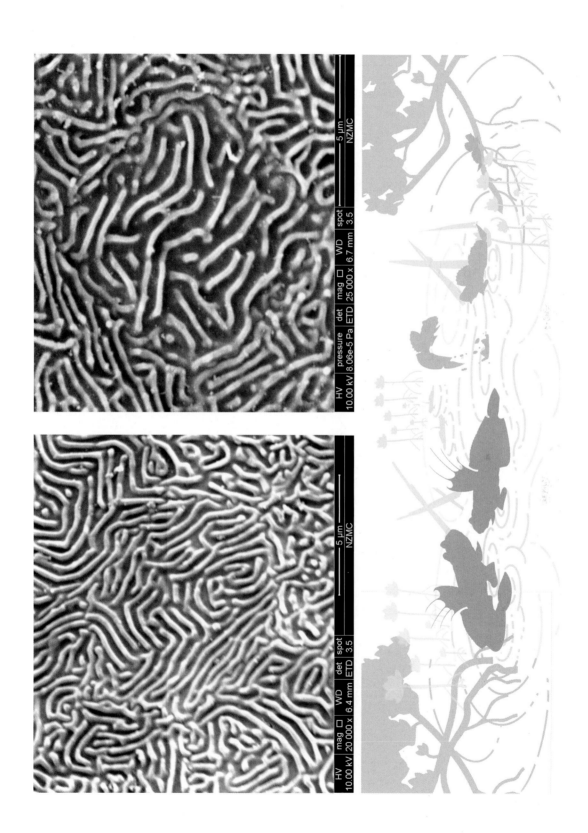

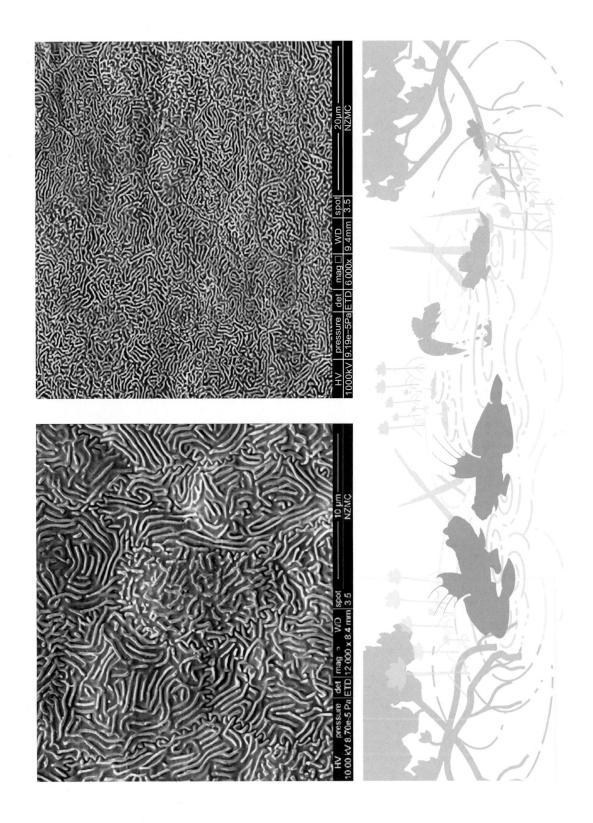

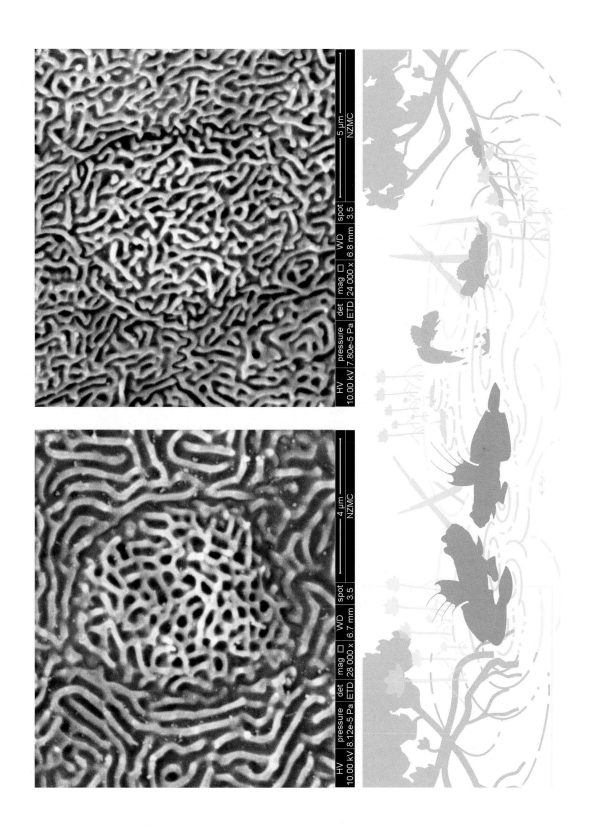

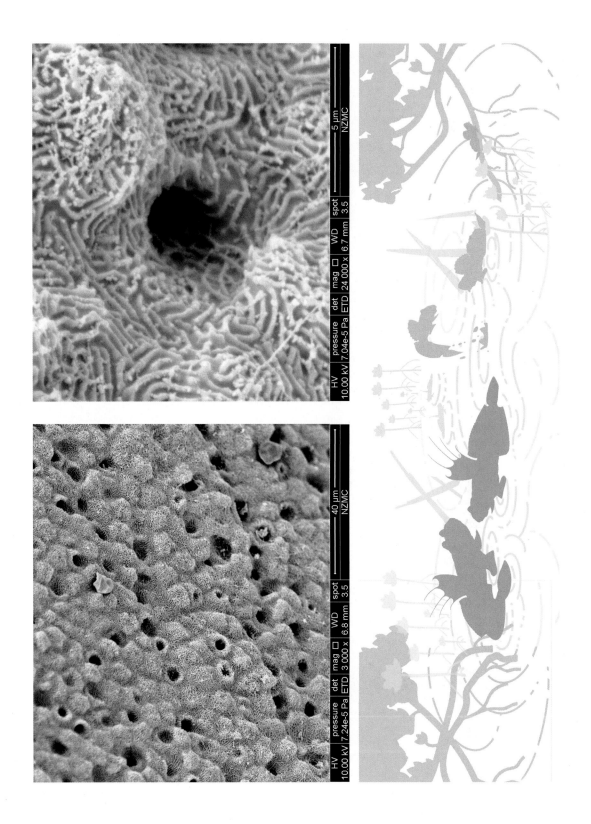

（八）大鳍弹涂鱼（幼鱼）角膜扫描电镜图

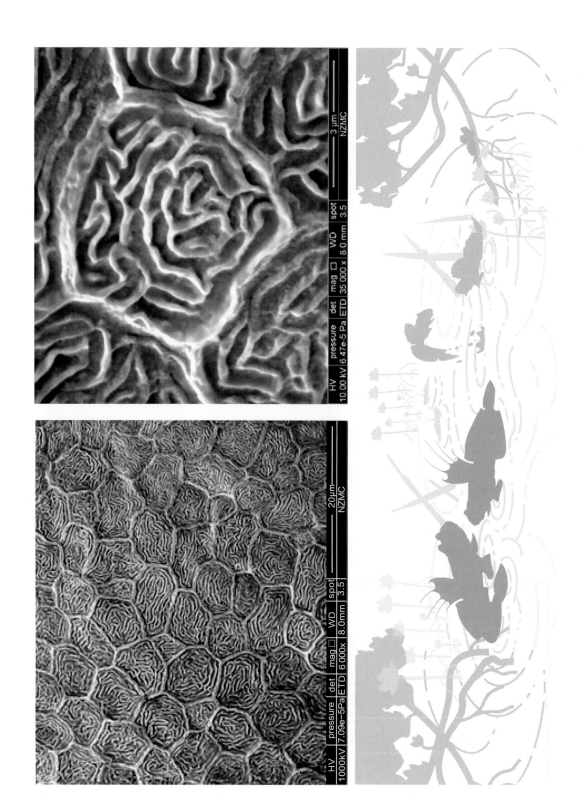

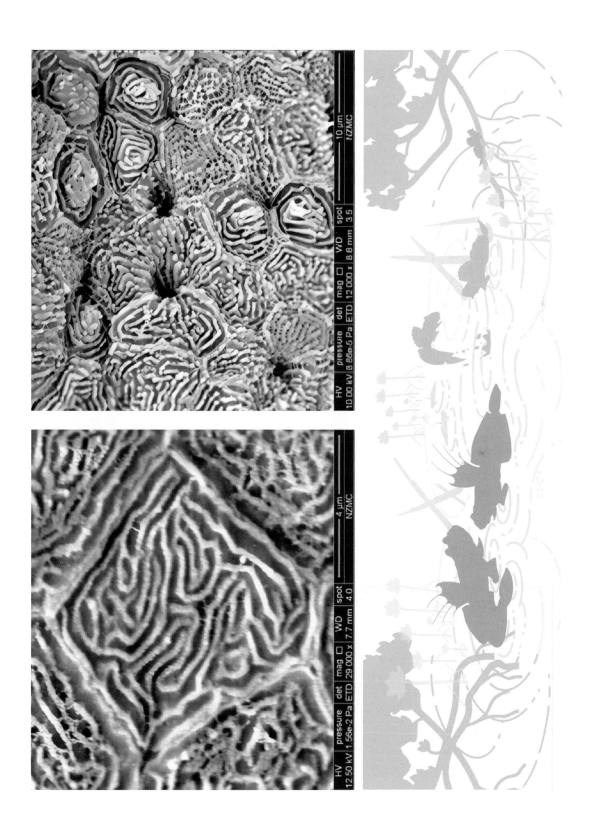

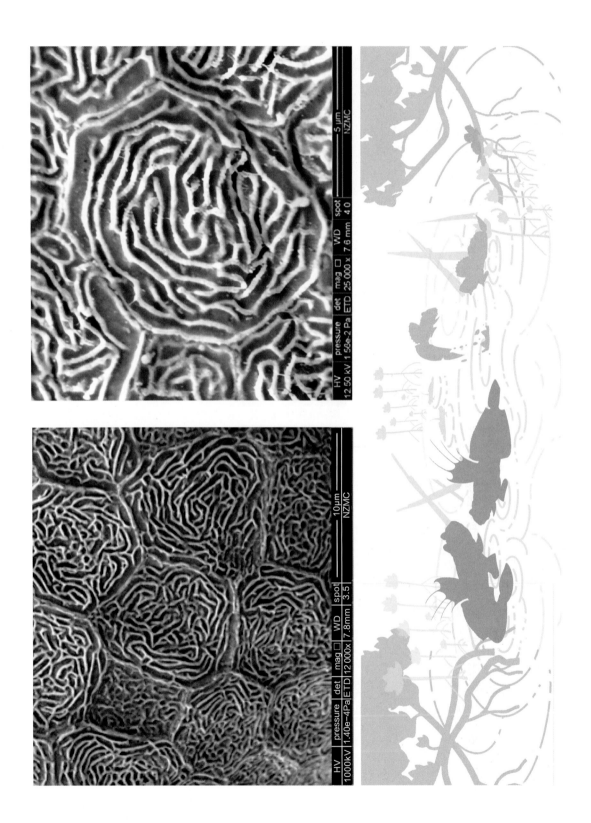

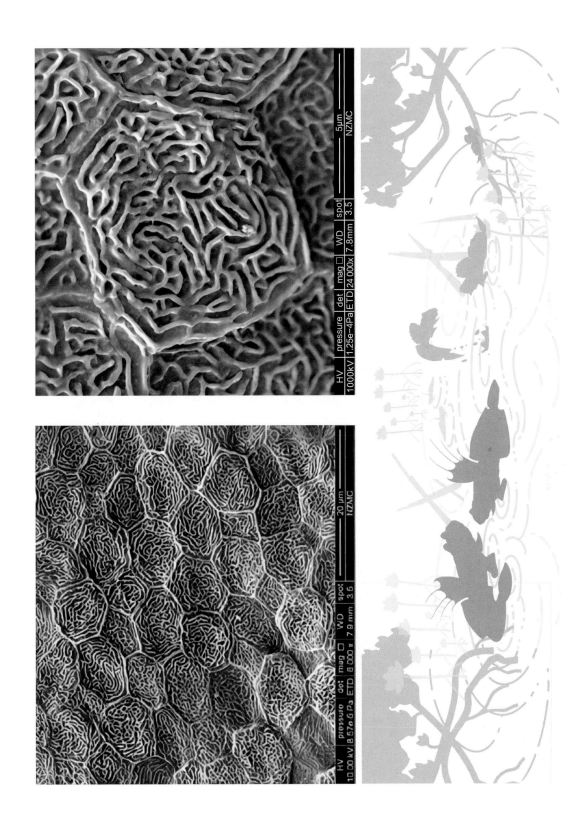

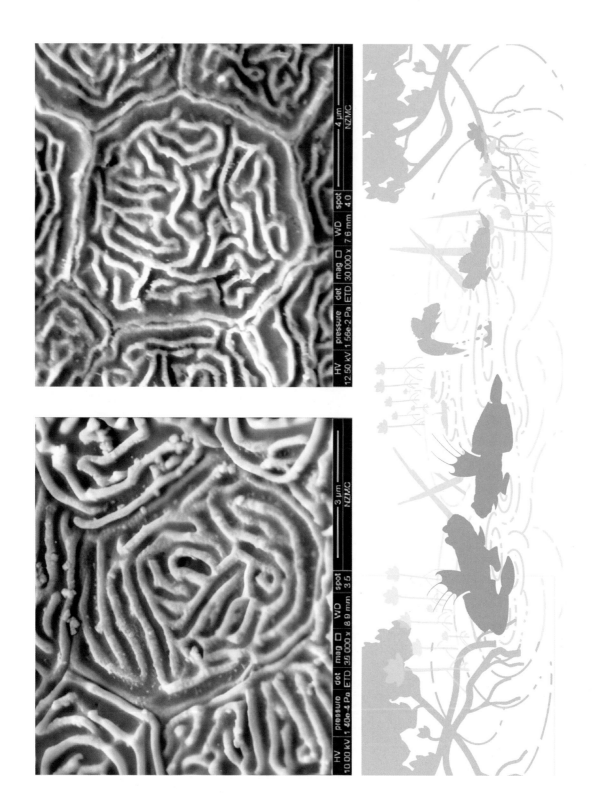

二、附表

背眼虾虎鱼亚科鱼类 6 个种的标本基本信息测量数据　　　　单位:mm

鱼种类	标本号	全长	体高(背鳍起点处)	体宽(背鳍起点处)	头长	头高(眼处)	头宽眼处	眼径	眼间距
犬齿背眼虾虎鱼	9	110	13.5	12	22	8	12	2.5	4
	13	105	12	11	20	7	11	2	3.5
	14	95	11	10.5	20	6	10	1.5	3
	15	102	13.5	22	20	7	11	2	3.5
	17	101	12	20	20	6.5	11	2	3.5
青弹涂鱼	21	128	10	20	22	9	10	3	0
	25	130	11	9.5	21	9.5	11	4	0
	27	105	9.5	8	18	9	8	2.8	0
	28	115	11	11	20	11	11.5	2.8	0
	29	140	15	13	24	12	14	4.2	0
长身拟平牙虾虎鱼	51	98	12.5	8.5	17	7.5	8	4	0
	52	184	17	13	26.5	10.5	11	4.2	0
	60	91	10	7	15.5	7	7	3	0
	75	60	9	5.5	12	5.2	5	2.8	0
斑叉牙虾虎鱼	77	75.5	9.8	7.8	16	8.5	11	3.2	0
大弹涂鱼(成鱼)	43	152	20.5	17	31.5	16	14.5	6.2	0
	44	152	20.5	18.8	32.8	16.4	15	5.7	0
	45	151.3	21	19.8	33	16	16	6.2	0
	46	165.1	24.5	21.5	33	17.1	17.1	7.2	0
	47	155	23.5	21	31.4	16	14	5.5	0
	48	158	22	17.5	33.5	15.2	17	6	0
	49	156	22	21	32.5	16	15.5	5.8	0
大弹涂鱼(幼鱼)	56	17	1.8	1.2	2.1	1.8	1.8	0.7	0
	57	16	1.7	1.2	2	1.7	1.8	0.6	0
	67	16	1.7	1.1	2	1.7	1.7	0.6	0
	68	17.2	1.8	1.3	2	1.8	1.9	0.7	0
	69	16	1.7	1.2	2	1.7	1.8	0.6	0
	70	15.1	1.6	1.1	1.9	1.6	1.8	0.6	0

续附表 1

鱼种类	标本号	全长	体高(背鳍起点处)	体宽(背鳍起点处)	头长	头高(眼处)	头宽眼处	眼径	眼间距
大鳍弹涂鱼(成鱼)	18	83.5	13.5	10	17.5	12.5	12.5	4.5	0
	20	62.2	9	8.5	13.2	9	10	3.1	0
	30	102	15	11	22	13	13	6.1	0
	33	110.1	19	16	25.2	17	17.1	6.4	0
	38	71.7	11.38	7.7	16.31	9.84	8.01	3.56	0
	54	104	16.5	14.5	23.5	16	14.8	6.5	0
大鳍弹涂鱼(幼鱼)	58	15	1.9	1.2	2.5	2	2	0.8	0
	59	17.2	1.9	1.3	2.8	2.2	2.5	0.8	0
	64	14.5	1.7	1.1	2.1	2	1.8	0.7	0
	65	15	1.8	1.2	2.5	2	2	0.8	0
	72	15	1.9	1.2	2.5	2	2	0.8	0
	79	15	1.8	1.2	2.5	2	2	0.8	0

主要参考文献

B. P. 普拉塔索夫,1980. 鱼类视觉及其近距离定向[M]. 何大仁,罗会明,译. 厦门:厦门大学出版社.

梁旭方,1995a. 中华鲟幼鱼摄食生物学和人工饲料问题[J]. 中国水产科学:2(5):107-113.

梁旭方,1995b. 鳜鱼视觉特性及其对捕食习性适应的研究Ⅲ. 视觉对猎物运动和性状的反应[J]. 水生生物学报,19(1):70-75.

刘理东,何大仁,郑微云,1986. 普通鲻鱼和棱鲻视觉特性的电生理研究[J]. 厦门大学学报(自然科学版),25(2):227-232.

潘雷雷,张桂蓉,魏开建,等,2010. 4 种弹涂鱼鳃的形态度量学比较及其生态学意义[J]. 动物学杂志,45(4):10.

伍汉霖,钟俊生,2008. 中国动物志:硬骨鱼纲、鲈形目(五)、虾虎鱼亚目[M]. 北京:科学出版社.

杨雄里,李震云,郑微云,等,1977. 海水鱼趋光特性的电生理研究Ⅰ. 蓝圆鲹、鲐鱼视网膜电图的适应特性[J]. 科学通报(3):131-134.

张昀,1988. 生物进化[M]. 北京:北京大学出版社.

祖元刚,孙梅,康乐,2000. 生态适应与生态进化的分子机理[M]. 北京:高等教育出版社.

COLLIN S P, COLLIN H B, 2000. A comparative SEM study of the vertebrate corneal epithelium[J]. Cornea, 19(2):218-230.

COLLIN S P, COLLIN H B, 2006. The corneal epithelial surface in the eyes of vertebrates:environmental and evolutionary influenceson structure and function[J]. Journal of morphology, 267:273-291.

FISHELSON L, AYALON G, ZVERDLING A, et al. , 2004. Comparative morphology of the eye(with particular attention to the retina)in various species of cardinal fish(Apogonidae, Teleostei)[J]. The Anatomical Record Part A:Discoveries in Molecular, Cellular, and Evolutionary Biology, 277(2):249-261.

GOULD S J, 1974. The origin and function of bizarre structures:antler size and skull size in the 'Irish Elk', *Megaloceros giganteus*[J]. Evolution, 28(2):191-220.

ISHIMATSU A, AGUILAR N, OGAWA K, et al. , 1999. Artrrial blood gas levels and cardiovascular function during varying environmental conditions in a mudskipper, Periophthalmodon schlosseri[J]. Journal of Experimental Biology, 202(13):1753-1762.

ISHIMATSU A, HISHIDA Y, TAKITA T, et al. , 1998. Mudskipper store air in their burrows[J]. Nature, 391:237-238.

ISHIMATSU A, TAKEDA T, KANDA T, et al. , 2000. Burrow environment of mudskippers in Malaysia[J]. Journal of Bioscience, 11(1, 2):17 - 28.

KOK W K, LIM C B, LAM T J, et al. , 1998. The mudskipper *Periophthalmodon schlosseri* respires more efficiently on land than in water and vice versa for *Boleophthalmus boddaerti*[J]. Journal of Experimental Zoology, 280(1):86 - 90.

MOTTA P J, NORTON S F, LUCZKOCICH J J, 1995. Perspectives on the ecomorphology of bony fishes[J]. Environmental Biology of Fishes, 44(1):11 - 20.

NORTON S F, LUCZKOCICH J J, MOTTA P J,1995. The role of ecomorphological studies in the comparative biology of fishes[J]. Environmental Biology of Fishes,44(3):287 - 304.

PIET G J,1998. Ecomorphology of a size structured tropical freshwater fish community[J]. Environmental Biology of Fishes,51(1):67 - 86.

POUILLY M, LINO F, BRETENOUX J G, et al. , 2003. Dietarymorphological relationships in a fish assemblage of the Bofivian Amazonian floodplain[J]. Journal of Fish Biology, 62: 1137 - 1158.

SIBBING F A, NAGELKERKE L A J,2001. Resource partitioning by Lake Tana barbs predicted from fish morphometrics and prey characteristicsl[J]. Reviews in Fish Biology and Fisheries, 10:393 - 437.

SIMMICH J, TEMPLE S E, COLLIN S P, 2012. A fish eye out of water:epithelial surface projections on aerial and aquatic corneas of the 'four - eyed fish' *Anableps anableps*[J]. Clinical and Experimental Optometry, 95(2):140 - 145.

TAMURA S O, MORII H, YUZURIA M, 1976. Respiration of the hibious fishes, *Periophthalmus* cantonensis and Boleophthalmus chinensis in water and on land[J]. Journal of Experimental Biology, 65(1):97 - 107.

YAMAMOTO Y, JEFFERY W R, 2000. Central role for the lens in cave fish eye degeneration [J]. Science, 289(5479): 631 - 633.

ZHANG J, TAICHI T C, TAKATA T, et al. , 2000. On the epidermal structure of *Boleophthalmus* and *Scartelaos* mudskippers with reference to their adaptation on terrestrial life[J]. Ichthyological Research, 47(4): 359 - 366.

ZHANG J, TAICHI T C, TAKATA T, et al. , 2003. A study on the epidermal structure of *Periophthalmodon* and *Periophthalmus* mudskippers with reference to their terrestrial adaption[J]. Ichthyological Research, 50(4): 310 - 317.